Krisenmanagement und Business Continuity

Krisenmanagement und Business Continuity

Umgang mit Krisen und Großstörungen

Von

Prof. Dr. Germann Jossé

Verlag Franz Vahlen München

Prof. Dr. Germann Jossé lehrt Strategisches Controlling am Fachbereich Wirtschaftswissenschaften der Hochschule Worms. Er promovierte über Krisenmanagement und Früherkennung. Seit mittlerweile gut zehn Jahren beschäftigt er sich intensiv mit Business Continuity Management (Kontinuitätsmanagement), noch länger mit vorausschauendem Krisenmanagement.

ISBN Print 978 3 8006 6426 9
ISBN E-Book 978 3 8006 6427 6

Wilhelmstr. 9, 80801 München
Satz: Fotosatz H. Buck
Zweikirchener Str. 7, 84036 Kumhausen
Druck und Bindung: Beltz Grafische Betriebe GmbH
Am Fliegerhorst 8, 99947 Bad Langensalza
Umschlaggestaltung: Ralph Zimmermann – Bureau Parapluie
Bildnachweis: © Vladru – depositphotos.com

CO_2 neutral
vahlen.de/nachhaltig

Gedruckt auf säurefreiem, alterungsbeständigem Papier
(hergestellt aus chlorfrei gebleichtem Zellstoff)

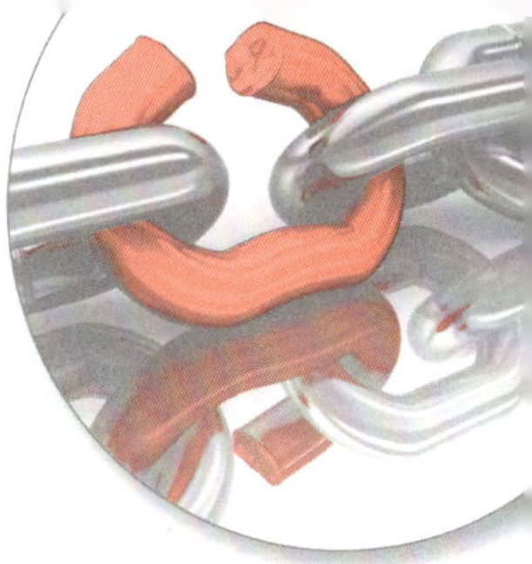

Gewidmet meinen Eltern.
Danke für alles.

Vorwort: Worum geht es in diesem Buch?

Dieses Buch soll motivieren, sich mit dem Schlimmsten und Undenkbaren zu befassen, dem Fall X, den kaum jemand auf dem Plan hat. Und doch kommt er. Irgendwann und früher als man denkt.

Es ist ein Plädoyer, sich aktiv mit Bedrohungen, Krisen und Großstörungen zu befassen – und zwar, *bevor* sie eintreten. Frühzeitige Krisenvorsorge verschafft kostbaren Zeitgewinn und ermöglicht, die schlimmsten Klippen zu umschiffen, die Krise zu meistern.

Hier wird ein integratives Präventionsmanagement vorgestellt, und zwar als eng mit der Strategischen Unternehmensführung verzahntes, vorausschauendes Krisenmanagement: Die (Unternehmens-)Krise soll im Vorhinein erkannt, analysiert und gemanagt werden, bevor sie ihre volle existenzvernichtende Kraft entfalten kann.

Eine besondere Funktion kommt der Aufrechterhaltung des Geschäftsbetriebs und insgesamt der Kontinuität zu; es gilt, jene Unterbrechungen und Ausfälle zu identifizieren, die sich – oft aus kleinsten Geschehnissen heraus – über eine Kettenreaktion rasant schnell zu Großstörungen entwickeln können: Da fallen Lieferanten aus, und innerhalb von Stunden steht die Produktion still; Ersatz ist keiner vorhanden, Kunden springen ab, hohe Umsatzeinbußen und ggf. Image- und Marktanteilsverluste sind die Folge.

Das Ganze hat auch ohne Coronakrise höchste Brisanz: Ohne Vorbereitung auf solche Störungen und deren Auswirkungen drohen existenzielle Schäden, es wird hektisch ein Notprogramm „gebastelt“, oft überfordern sie das Unternehmen, der Untergang flackert als Menetekel an der Wand.

Hilfe verspricht ein proaktives, integriertes Business Continuity Management (BCM) zum Erkennen und Handhaben solcher desaströsen Großstörungen. BCM ist kein Hexenwerk! Man muss sich nur mit der Zukunft befassen. Die Fragen lauten z.B.: Was wäre, wenn Fall X passiert? Welche Dominoeffekte könnte das auslösen? Sind wir darauf vorbereitet? Wo sind unsere Lücken? Welche wirksamen Maßnahmen müssen wir ergreifen?

Und schon sind Sie mittendrin in einer antizipativen Grundhaltung zur Früherkennung von Krisen, zur Krisenvorsorge und zur Wahrung der betrieblichen Kontinuität, d.h., dass das Geschäft, der Betrieb möglichst bald und glatt weiterlaufen.

Dieses Buch vermittelt Ihnen die Grundhaltung zu einer Krisenvorsorge und führt Sie in das BCM ein – das Ganze ohne Fachchinesisch und Paragrafenreiterei, eher praxisnah und nachvollziehbar. Befassen Sie sich mit der Zukunft Ihrer Organisation! Betreiben Sie Krisenprävention! Sichern Sie Ihr

Unternehmen gegen Bedrohungen ab und bereiten Sie sich auf Großstörungen vor, halten Sie den Plan B parat! Das Undenkbare wird kommen – es ist nur eine Frage der Zeit.

Dieses Buch ist eine **Einführung in die aktive Krisen- und Störungsvorsorge.** Es nennt Hintergrund und Ziele, Aufgaben und Inhalte sowie grundsätzliches Vorgehen von BCM. Der BC-Prozess[1] mit seinen analytischen Komponenten wird genauso dargestellt wie die Entwicklung geeigneter Strategien zur Wahrung der Kontinuität und konkreter Maßnahmen.

Dieses Buch ist für Fachleute (und solche, die es werden wollen) mit ganz unterschiedlichen Aufgaben bzw. unterschiedlichem Hintergrund:

- Strategisches Management
- Risikomanagement
- Notfallmanagement
- Sicherheitsbeauftragte
- Bürgermeister und Landräte
- Leiter öffentlicher Einrichtungen
- Politiker aller Ebenen und Funktionen
- … und auch alle interessierten Laien

Der Verfasser beschäftigt sich seit gut zehn Jahren mit BCM und noch viel länger mit Früherkennung und vorausschauendem Krisenmanagement. Er hat bestehende BCM-Ansätze weiterentwickelt, zahlreiche Störfälle analysiert und BCM-Entwicklungen begleitet. Diese Erfahrungen fließen in dieses Buch ein.

Worms, im Mai 2020 *Germann Jossé*

---

[1] = Business-Continuity-Prozess, oft auch als BC life cycle bezeichnet

Inhaltsverzeichnis

Abkürzungsverzeichnis

ABS	Antiblockiersystem
BABS	Bundesamt für Bevölkerungsschutz (Schweiz)
BBK	Bundesamt für Bevölkerungsschutz und Katastrophenhilfe (D)
BC	Business Continuity
BCI	Business Continuity Institute
BCM	Business Continuity Management
BCMS	Business-Continuity-Managementsystem
BCP	Business Continuity Planning (oder -Plan)
BER	Flughafen Berlin Brandenburg
BIA	Business-Impact-Analyse
BKM	Betriebliches Kontinuitätsmanagement
BMI	Bundesministerium des Innern
BSI	British Standards Institute; Bundesamt für Sicherheit in der Informationstechnik
BTX	Bildschirmtext
BWL	Betriebswirtschaftslehre
DIA	Demand Impact Analysis (Bedarfsanalyse)
DR	Disaster Recovery
ESP	elektronisches Stabilitätsprogramm (für Kfz)
F+E	Forschung und Entwicklung
GPG	Good Practice Guidelines
GuV	Gewinn- und Verlust-Rechnung
HACCP	Hazard Analysis and Critical Control Points
HR	Human Resources (Personalwesen)
IPR	intellectual property rights
IRA	Irisch-Republikanische Armee
ISO	International Standards Organization
IT	Informationstechnologie
IKT	Informations- und Kommunikationstechnologien
JIT	Just-in-time
KGaA	Kommanditgesellschaft auf Aktien
KMU	Kleinere und mittlere Unternehmen
KonTraG	Gesetz zur Kontrolle und Transparenz im Unternehmensbereich
KRITIS	Kritische Infrastrukturen (= Organisationen und Einrichtungen mit großer Relevanz für Gemeinwesen, bei deren Ausfall oder Beeinträchtigung extreme Folgeschäden entstehen können, wie z.B. Versorgungsengpässe oder nachhaltige Störungen der öffentlichen Sicherheit)

MA	Mitarbeiter
NN	Normalnull
NRW	Nordrhein-Westfalen
Pax	Personen
Rewe	Rewe-Zentral-Aktiengesellschaft, früher: Revisionsverband der Westkauf-Genossenschaften
RKI	Robert-Koch-Institut
RWE	Energieversorger, früher: Rheinisch-Westfälisches Elektrizitätswerk AG
SARS	Schweres Akutes Respiratorisches Syndrom
SBB	Schweizerische Bundesbahnen AG
SPOF	single point of failure (z.B. Schlüsselperson)
t	Zeit
TDI	Toluoldiisocyanat (u.a. für Schaumstoffe in Matratzen)
TTIP	Transatlantic Trade and Investment Partnership
UA	Ursachenanalyse
UNDRR	UN Disaster Risk Reduction
UNISDR	UN International Strategy for Disaster Reduction
x	Menge, produzierte Stückzahl
Y2K	Year 2000 (= Millennium-Problem)

1 Einführung

Corona: Nach der Krise ist vor der Krise

Covid-19 hat extreme Kettenreaktionen ausgelöst und zahlreiche Bereiche lahmgelegt, einigen Unternehmen die Existenz gekostet. Die Krise hat uns überdeutlich unsere Verwundbarkeiten offengelegt. Daraus sollten wir lernen!

Hoffen wir, dass die Coronakrise bald überwunden sein wird und in unserem Menschenleben einmalig bleibt. Geht es danach im alten Fahrwasser weiter? Das wäre fatal. Die vielen Schwachstellen, gerade auch in den Lieferketten, die Abhängigkeiten von einem Lieferanten oder einem Land oder die kaum vorhandenen Lagervorräte – das kann nicht krisensicher sein! Eine Krise ist weit entfernt und kommt plötzlich, aus heiterem Himmel? Nein, sie ist ständiger Wegbegleiter, kann jedes Unternehmen, jede Organisation jederzeit treffen. Und oft ist sie latent schon da, nur bemerkt man sie nicht: Strategische Fehlentscheidungen, falsche Manager auf wichtigen Posten, das Primat des Kostensparens, das jede Vorsicht bricht, intern schwelende Konflikte oder falsche Geschäftsmodelle: Ein kleiner Anlass genügt, und schon wächst sie sich aus, wird nicht mehr beherrschbar. Die Lösung: sich mit Krisen zu befassen und *aktiv Vorsorge* zu betreiben.

Was ist Kontinuität?

Kontinuität ist gegeben, wenn es weiterläuft. Wenn der Betrieb, alle Prozesse einwandfrei und ohne Störungen funktionieren.

Keine Kontinuität heißt: Unterbrechungen und Einschränkungen, nichts läuft mehr oder nur noch mit Behinderungen. Solche Störungen können sich desaströs auswirken: Ein wichtiger Rohstoff fehlt und es kann auf Monate nicht produziert werden, Kunden springen (dauerhaft) ab, Gewinneinbrüche oder Verluste und Liquiditätsprobleme sind die Folge. Oder es werden ganze Werke lahmgelegt, sei es durch Cyberattacken, Naturkatastrophen, technische Mängel oder neue Marktbedingungen. Die Folgen solcher Großstörungen sind auch für scheinbar stabile Unternehmen schwer zu verdauen, im Einzelfall erholen sie sich davon nie wieder.

BCM als Rettungsschirm

Es ist eine Binsenweisheit: Wenn Ihr Geschäft unterbrochen ist, können Sie auch nichts verdienen. Und wenn die Störung drastisch genug ist oder lange anhält, sind Sie ganz schnell im Abseits: Die Konkurrenz überflügelt sie, Kunden kehren Ihnen den Rücken zu, die Hausbank dreht den Geldhahn zu. **Der Weg in die Insolvenz ist da oft nicht mehr weit.**

Sicher hat die Corona-Krise deutlich vor Augen geführt, wie schnell und massiv zahlreiche Unternehmen, ja ganze Branchen dichtmachen mussten, Strukturen wegbrachen, Menschen verunsichert wurden. Doch fragile Systeme und Strukturen gibt und gab es auch vorher schon jede Menge: Da werden der Hochwasserschutz auf die leichte Schulter genommen und Warnungen von Experten ignoriert; landauf, landab wird immer mehr zentralisiert statt dezentralisiert (und damit werden zwei kostbare Elemente von Resilienz vernichtet: Flexibilität und Redundanzen);[2] es wird keine Vorsorge für den Cyberangriff getroffen oder nie mit einem flächendeckenden Ausfall großer Teile der Mitarbeiter gerechnet. Unternehmen verlassen sich auf einen einzigen Lieferanten für ihren Hauptrohstoff (und der sitzt oft noch am anderen Ende der Welt) und Prozesse sind so getaktet, dass schon die kleinste Verzögerung nicht mehr aufgefangen werden kann, zumal Lagerpuffer systematisch abgebaut werden. Das Ende vom Lied: Jede größere Störung schlägt auf das Unternehmen durch, oft stehen – von der Öffentlichkeit meist nicht bemerkt – wochenlang die Bänder still, was teilweise durch Überstundenabbau aufgefangen wird.

Versorgungssicherheit und stabile Strukturen werden auf dem Altar der Kostensenkung geopfert. Redundanzen, die das Überleben sichern könnten (wie die IT übrigens längst weiß und praktiziert), wurden vorsätzlich abgebaut, stabile Strukturen mutwillig zerschlagen. Gleichzeitig hat sich die Welt verändert: Wäre eine Vielzahl kleiner Einheiten mit stark regionaler Aufstellung viel eher (über-)lebensfähig, sind es heute große, weitgehend gleichartige und global vernetzte (und damit *global verletzbare!*) Geschäftsmodelle, die dem Angriff des Unerwarteten nichts entgegenzusetzen haben:

① Fukushima steht für eine wochenlange, weltweite Lahmlegung quer durch viele Branchen (Tsunami und Reaktorunglück 2011); Auslöser: durch einen Tsunami kam es zu 13-15 m hohen Wellen, die Schutzmauer der Stromversorgung war nur 5,70 m hoch; schon zehn Jahre zuvor war dies bemängelt, aber vom Betreiber ignoriert worden – unsägliches Leid hätte man vermeiden können!

② Die Diesel-Verteufelung und der Hype um Elektromobilität sind das Fanal für das Ende der führenden Rolle Deutschlands beim Thema Automobil.

③ Covid-19 hat mit seinen direkten und indirekten Folgen unerhörte Auswirkungen quer durch unser Land auf Mensch und Gesundheitsstrukturen, Politik und Wirtschaft, Denkmuster und Sozialverhalten.

---

[2] Mal provokant an die Adresse jener gerichtet, die unverantwortlich hohe Risiken in Kauf nehmen, um vordergründig Kosten zu sparen: Wenn ein sechs- oder siebenstelliges Fixum (oder mehr) gezahlt wird – das zum Leben ausreichen sollte – ist dann ein zusätzlicher Bonus nicht auch redundant? Schließlich ist das Fixum doch bereits das Entgelt für eine erhoffte, sehr gute Leistung bei der Führung eines Unternehmens, oder nicht?

Der erste Fall war (für uns) relativ weit weg (allerdings mit Auswirkungen!), der zweite ist ein schleichender Prozess. Der dritte aber wurde plötzlich, hautnah und direkt erlebt – hoffen wir, dass Mensch, Politik und Wirtschaft daraus die richtigen Lehren ziehen: Wir brauchen eine Umkehr, hin zu vernünftiger Vorsorge. Weniger Achillesfersen, dafür mehr Widerstandskraft und Stabilität. Und insgesamt mehr vorausschauendes, kluges Denken und Handeln.

Sind Störungen vermeidbar? Einige ja. Und bei den anderen können zumindest Ausmaß und Folgewirkungen minimiert werden. Dazu muss man aber vorbereitet sein und sich unvoreingenommen mit möglichen Störungen und Krisen befassen – und zwar in „Friedenszeiten", wenn die volle Handlungsfähigkeit gegeben ist, kein Druck von außen besteht und in Ruhe Sicherungsmaßnahmen umgesetzt werden können.

Als eine besondere Art des *vorausschauenden Krisenmanagements* **zielt Business Continuity Management (BCM) auf die Aufrechterhaltung bzw. rasche Wiederherstellung der Funktionsfähigkeit von Organisationen. Diese müssen selbst auf scheinbar unwahrscheinliche Fälle von Großstörungen vorbereitet sein,** um nicht wertvolle Zeit, Umsätze und Reputation zu verlieren. Im Zeitalter komplexer Strukturen und fragiler Abhängigkeiten ist **BCM ein Muss für jedes Unternehmen,** um seine kritischen Prozesse abzusichern.

Ohne BCM ist man „unerwarteten" Bedrohungen und Ausfällen meist schutzlos ausgeliefert. Von der Wucht und Intensität sowie den Folgewirkungen erholen sich viele nur langsam, andere nie wieder.

Im Gegensatz zu z.B. Großbritannien, den USA oder auch der Schweiz, wo BCM längst etabliert ist, ist BCM in der Praxis deutscher Unternehmen noch wenig implementiert. Das muss sich ändern, wollen Sie in der nächsten existenzbedrohenden Störung nicht sang- und klanglos untergehen.

Wenn wir hier auch meist von Unternehmen sprechen – BCM ist nicht nur für alle Unternehmen, auch KMU, sondern auch für Gebietskörperschaften wie Kommunen, Städte, Landkreise, Staaten sowie Regionen oder z.B. touristische Destinationen.

Hinweise zu diesem Buch

Es geht uns in diesem Buch weniger um ein Nachplappern von Normen und Paragrafen (Papier ist geduldig!), sondern um eine ggf. auch von den gängigen Standards[3] abweichende, meist vertiefende und jedenfalls pragmatische Herangehensweise. **Das Besondere an diesem Buch ist:**

[3] Ohne Zweifel gibt es viele sinnvolle und taugliche Normen und Standards. Oft sind sie aber so allgemein gehalten, dass kein Praktiker weiß, wie das nun konkret umzusetzen ist. Dann müssen teure Berater her – oder man lässt entmutigt die Finger ganz von BCM. Verständlich, aber nicht vernünftig! Tatsächlich kann jedes Unternehmen, jede Organisation mit relativ geringen Kosten selbst ein funktionsfähiges und belastbares Kontinuitätsmanagement aufbauen – einige Unternehmen haben das in aller Stille schon sehr gut bewiesen.

- Es skizziert BCM als *aktive Krisenvorsorge.*
- Es will ein *Bewusstsein für das scheinbar „Unerwartete"* vermitteln und wie man damit umgeht. Damit wird eine Brücke zum Strategischen Management geschlagen: BCM hat eine strategische Tragweite[4] und muss immer im Verbund mit der Strategischen Unternehmensführung stehen.[5]
- Normen und Standards sind in einiger Hinsicht allgemein gehalten und es fehlt ihnen an konkreter Hilfestellung. Deshalb stehen sie hier im Hintergrund; hier geht es mehr um eine pragmatische Sicht, wie zahlreiche Beispiele und anwendbare Instrumente zeigen.
- Der klassische Zyklus des BCM wird hier sinnvoll ergänzt und vertieft; so kann sich jeder strukturiert mit seinem Unternehmen, seiner Organisation befassen – auch ohne fremde Hilfe!
- Vor allem ältere Ansätze sind noch stark vom Notfall- und vom Risikomanagement geprägt; damit ist einiges nicht eindeutig oder nicht sauber abgegrenzt (z.B. Risiko vs. Störung)[6] oder es fehlt einiges. Dem wird hier entgegengewirkt.
- Gleichzeitig ist BCM eine stark von der Praxis geprägte Disziplin, während die Wissenschaft weitgehend außen vor blieb.[7] Trotz der Meriten der Praxis (und existierender Standards) fehlte in einigen Bereichen des BCM eine klare Struktur und insgesamt eine kritische Sicht. Diese liegen hier zugrunde.
- Traditionell wird BCM zur Vorsorge gegen *unerwartete Ereignisse* gesehen. Das wird hier erweitert: Auch *geplante Störungen* wie z.B. …
  - Umbau eines Kaufhauses, Hotels oder Verwaltungsgebäudes
  - Sanierung einer Eisenbahnbrücke
  - Abriss einer Hochstraße[8]

---

[4] Spätestens dann, wenn durch Kettenreaktionen alle möglichen Bereiche betroffen sind, wie z.B. Einkauf, Produktion und Vertrieb, aber auch Finanzen, Recht und Personalwesen (HR); damit liegt hier der 1. Aspekt einer strategischen Dimension vor. 2. ist die Investition in BCM langfristiger Natur. Und 3. werden gerade Anlagen, Produktprogramme, Mitarbeiter, Ressourcen, ja, selbst Vertriebswege oder Märkte usw. für den Störfall ggf. modifiziert bzw. als Ersatzlösungen bestimmt, womit wiederum eine strategische Dimension hinzukommt, nämlich die des Variierens der Erfolgspotenziale. Ergänzend und 4. ist das generellste strategische Ziel überhaupt die Sicherstellung der Existenz. Da Großstörungen diese vernichten können, ist BCM eine strategische Aufgabe; diese braucht die unbedingte Unterstützung durch die Geschäftsführung (bzw. allgemein: die oberste Führungsebene).

[5] Ein meist rein operatives Risikomanagement vermag das nicht, nebenbei bemerkt.

[6] Allein der Begriff „Risiko" hat so viele Facetten und Dimensionen, die selten geklärt, sondern munter miteinander vermixt werden!

[7] Das ist eine typisch deutsche Situation: Die Wirtschaft (be-)nutzt die Wissenschaft in wenigen, meist naturwissenschaftlich geprägten Bereichen. Ansonsten findet kaum ein Transfer statt. In anderen Ländern besteht eine respektvolle, wertschätzende Zusammenarbeit und ein permanenter, gegenseitiger Austausch, der beide Seiten befruchtet und weiterbringt.

[8] Die Menschen und Pendler in Ludwigshafen können davon ein Lied singen.

- Bau einer U-Bahn-Linie[9]
- umfassender Umbau betrieblicher Prozesse
- Umstellung: Outsourcing nach bisheriger Eigenfertigung

...werden hier einbezogen – und zwar aus einem simplen Grund: Warum sollte man das Instrumentarium des BCM nicht genauso für eine *erwartete, gar geplante* Störung nutzen? Schließlich geht es immer darum, die Störung möglichst gering zu halten und die Folgeschäden zu kennen und möglichst auszuschalten! Hätte man das mal beim Bau des Berliner Flughafens BER oder beim (eigentlich schon im Vorhinein) gescheiterten Projekt „Stuttgart 21" beherzigt! Mit einem „homo oeconomicus" oder vernunftgeleitetem Handeln hat das wenig zu tun.[10]

- Oft befasst sich BCM mit *technischen, operativen Störfällen*, die quantitativ erfassbar sind (z.B. Ausfall Anlage XY). Eher *qualitative Störungen* werden dabei gerne vernachlässigt. Was aber ist, wenn ein Unternehmen nach und nach Marktanteile verliert, sich sein Image verschlechtert oder seine F+E-Abteilung es nicht schafft, den Kundengeschmack zu treffen? Das sind länger anhaltende Störungen qualitativer Natur, die sich der klassischen, mechanistischen Herangehensweise entziehen; versuchen Sie hier einmal, eine „maximale Ausfalldauer" zu bestimmen! Genau: geht nicht. Und trotzdem sind qualitative bzw. strategische Störungen ebenso ein Fall für BCM und werden hier inkludiert. Im Übrigen verschwindet oft genug der Unterschied zwischen *Operativem* und *Strategischem*: Fällt ein Lieferant aus, ist das (bzw. der folgende Produktionsstopp) zunächst eine operative Störung; dass aber kein Ersatzlieferant zur Verfügung steht, liegt z.B. an der strategischen Entscheidung zu einem (vordergründig kostengünstigeren) Single-Sourcing – sozusagen eine strategische Entscheidung mit operativer Folge. Reaktionen von Kunden und andere Stakeholder können wiederum schnell eine strategische Bedeutung erlangen. Beim BCM sind jedenfalls beide Ebenen im Kontext zu betrachten.
- BCM ist nicht nur etwas für große Konzerne, sondern auch und gerade für kleinere Unternehmen und den Mittelstand, außerdem für Städte oder andere Gebietskörperschaften. Diese sollen hiermit eine erste Hilfestellung erhalten, sich mit der „brandheißen" Materie zu befassen.
- Und schließlich gibt es in Deutschland kaum geeignete Literatur zum Thema – was wir hiermit ändern wollen.

---

[9] z.B. in Karlsruhe: Eine vor dem Start bekannte und somit absehbare, gewaltige Störung für den Verkehr und für Geschäftsleute über Jahre. Ohne rechtzeitige Vorsorge übersteht das nicht jeder.

[10] Selbst beim angebrachten und zu definierten Reviews wegen der Explosion der Kosten mehrfach möglichen Ausstieg ging man wie Lemminge immer weiter dem Milliardengrab entgegen.

2 Grundlagen, Befunde, Denkansatz

Gleich vorweg ein paar Beispiele für Störungen oder deren Auslöser, unsortiert, aber aus der jüngeren Vergangenheit:

- Ausfall des Hauptlieferanten (ohne Ersatzmöglichkeit)
- „Erpressung“ durch einen Lieferanten (VW vs. Prevent-Gruppe 2016), die binnen Kurzem die halbe Produktion lahmlegt
- Auslieferungsverbot für ein Hauptprodukt (Flugverbot für Boeing 787 [„Dreamliner“] 2013, Boeing 737 Max seit März 2019)
- Cyberattacken und Lahmlegen von IT-Infrastruktur
- Produktrückrufe (z.B. mehrfach Toyota. Im Oktober 2016 wurde der Verkauf des Galaxy Note 7 nur zehn Wochen nach dem Start eingestellt)
- verbreitete Fake News diskreditieren ein Unternehmen
- innerbetriebliche Störfälle und Fehler, die zum Herunterfahren und wochenlangem Ausfall der Produktion zwingen
- großflächiger, andauernder Stromausfall
- Coronavirus Covid-19 mit weit reichenden Auswirkungen
- Klimaveränderung als Auslöser (Dürre, Hochwasser usw.)
- Erdbeben (z.B. in Christchurch 2011)
- Buschbrände in Australien
- Tsunamis
- ein isländischer Vulkan, der den europäischen Flugverkehr lahmlegt (Eyjafjallajökull 2010)
- Fukushima: Ausfall ganzer Industrien durch Tsunami und Reaktorunglück (2011)

Die Liste lässt sich beliebig verlängern. Wo man hinschaut: Störungen mit immensen Schäden, auf die viele kaum vorbereitet sind.

Ob Single-Sourcing, pufferlose Geschäftsprozesse oder Naturkatastrophen sowie politische und ökonomische Turbulenzen in der Unternehmensumwelt – die Verletzbarkeit von Unternehmen, ihrer Geschäftsprozesse sowie Reputation haben rapide zugenommen.

Heute gibt es mehr Quellen für Störungen denn je, aber auch mehr Störungsarten und oft heftigere Auswirkungen – bis hin zu (scheinbar) undenkbaren, heftigsten Kettenreaktionen. Zunehmende Komplexität von Systemen und Prozessen, globale Abhängigkeiten als Regelfall und rasche Wechsel von Rahmenparametern erhöhen den Druck auf fragile Gebilde zusätzlich.

Selbst kleinste Störungen können massive und nachhaltige Schäden hervorrufen bis hin zum Verlust der Eigenständigkeit oder dem Untergang des Unternehmens. BCM ist der folgerichtige und überlebensnotwendige Managementansatz, um solche Problemstellungen systematisch anzugehen.

Kleine Ursache, verheerende Folgen – Ericsson, ein typischer Fall

Bei einem Unwetter im März 2000 schlug ein Blitz in ein Chips-Werk von Philips in Albuquerque/USA ein. Obwohl der entstehende Brand binnen zehn Minuten gelöscht war, wurden durch Rauch, Ruß und Löschwasser mehrere Millionen Chips zerstört, für die Philips der einzige Hersteller weltweit war. Außerdem wurden die so genannten „Clean Rooms" kontaminiert. Statt der zunächst angenommenen einen Woche Lieferverzögerung bekam Kunde Ericsson ein halbes Jahr lang keine Chips mehr! Ein Jahr später stieg Sony ein (Joint Venture für die Handysparte), am Ende des Niedergangs übernahm Sony diese 2012 zu 100 % – und Ericsson war draußen. Kleine Ursache, große Wirkung! Pikantes Detail am Rande: Der zweite Kunde von Philips war ausgerechnet Konkurrent Nokia, der sich nicht lange vertrösten ließ und gemeinsam nach Lösungen suchte: Sämtliche verbliebenen Ressourcen und Ausweichmöglichkeiten wurden dank intensiver Zusammenarbeit von Nokia requiriert.

VW vs. Prevent

Im August 2016 eskalierte ein Streik zwischen VW und diversen Zulieferern, die zur Prevent-Gruppe gehören. Angefangen hatte es bereits 2015 mit einem VW-Werk in Brasilien: Die Prevent-Tochter Farmaq lieferte keine Gussteile mehr, die Tochter Keiper lieferte Sitze derart unzuverlässig, dass nach Angaben von VW allein 2016 rund 100.000 Autos nicht gebaut werden konnten.

2016 kündigte dann VW einen Liefervertrag mit der Prevent-Tochter Car Trim fristlos, die dafür 58 Mio. € Schadensersatz forderten. Als VW nicht darauf eingehen wollte, setzte Car Trim die Lieferung von Sitzbezügen aus, kurz darauf folgte ES Automobilguss, eine andere Tochter, und stellte die Lieferung von Getriebeteilen ein.

Zunächst wurde die Passat-Produktion in Emden eingestellt, dann war die Golf-Produktion bedroht. In letzter Minute lenkte VW ein; damit wurde Kurzarbeit von 28.000 Beschäftigten in fünf Werken und ein großflächiger Produktionsausfall verhindert. Bedingung: VW durfte in kleinerem Umfang einen Zweitlieferanten aufbauen. Folgerichtig kam es 2018 zu einer ordentlichen Beendigung der bisherigen Verträge.

Später entschied ein Gericht, dass die Kündigung seitens VW rechtens war und bescheinigte der Prevent-Gruppe erpresserisches Vorgehen. Im Übrigen sind weitere Rechtsstreitigkeiten mit Prevent anhängig (nicht nur mit VW); gleichzeitig versucht diese, durch weitere Zukäufe von Automobilzulieferern ihre Machtbasis zu vergrößern (was nicht immer klappt).

Bevor die Zulieferer von der Prevent-Gruppe übernommen wurden, war die Zusammenarbeit mit VW übrigens unproblematisch…

Die Lehren daraus? Dass ein Zulieferer den „Goliath" herausfordert, ist neuartig, aber seit ein paar Jahren auf der Agenda und damit eine neue Bedrohung. Wenn gleichzeitig kein Ersatzlieferant zur Verfügung steht und keine Lagervorräte angelegt sind, macht man sich extrem verwundbar, im Beispielfall auch erpressbar. In jedem Fall ist es eine teure Angelegenheit: Jede Woche Produktionsstillstand in Deutschland kostete VW rund 100 Mio. €.

Schwedisches Design made in China

Beim nächsten Fall geht es um einen Möbelhändler; Hersteller wäre der falsche Begriff, da zwar das Design im eigenen Haus erfolgt, die Produktion jedoch in zahlreichen Werken von günstigen Lieferanten weltweit. Die Rede ist von IKEA.

Für deren Möbelhäuser in China arbeiteten sie u.a. mit 15 chinesischen Möbelherstellern zusammen, die die Möbel für IKEA produzierten. Irgendwann sagten sich diese 15: „Wozu brauchen wir IKEA? Wir kennen das Design, den Geschmack der Kundschaft – und ein Möbelhaus sollten wir auch aufziehen können." Gesagt, getan: Sie schlossen sich zusammen und verkauften unter dem Namen „Joyme" Möbel im fast gleichem Design übers Internet und über erste eigene Möbelhäuser. IKEA war „not amused".

Die Marktentwicklung hatte IKEA bezahlt, das Know-how freiwillig transferiert und sich dazu die eigene Konkurrenz geschaffen. Chapeau! Ebenfalls eine Störung, dieses Mal eine strategischer Natur. Aber auch eine solche sollte gedanklich vorweggenommen werden.

Outsourcen der internen Logistik auf einen externen Dienstleister

Da gibt es einen PKW-Hersteller, Ihnen sicher nicht unbekannt.[11] Alles läuft soweit ziemlich rund. Bis eines Tages ein Bereichsleiter beschließt, dass man doch Kosten sparen könne, in dem man die interne Logistik durch externe Dienstleister ersetzt. Die interne Logistik, das ist jene Funktion, die dafür zuständig ist, alle Teile zum Arbeitsplatz zu bringen, und zwar die richtigen Teile, in der richtigen Reihenfolge, zum richtigen Zeitpunkt. Und von dort wieder weiterleiten zum nächsten Fertigungsschritt. Man könnte davon ausgehen, dass es sich hier um eine verantwortungsvolle Aufgabe handelt, die reibungslose Prozesse garantieren soll...

Nun also die Idee, Kosten zu sparen – ich nehme es vorweg: an der falschen Stelle und dilettantisch angegangen! Dazu sucht nun besagter Bereichsleiter einen externen Dienstleister. Seine Wahl fällt leider nicht auf einen mit viel und vergleichbarer Erfahrung, sondern auf den billigsten: Dieser hat rund 100 Mitarbeiter, die ähnliche Aufgaben bei kleineren Unternehmen wahrnehmen. Jetzt aber braucht er für die interne Logistik beim PKW-Hersteller zusätzliche 150 Mitarbeiter (die er nicht hat). Er findet wenige Leute vom Fach, den Rest rekrutiert er mit Arbeitern aus dem östlichen Europa, die weder vertraut mit den Aufgaben waren, noch der deutschen Sprache besonders mächtig – kein Witz!

Im Vertrag wurde ein Übergabedatum genannt: Mit der letzten Schicht der Woche managten die eigenen Mitarbeiter zum letzten Mal die interne Logistik, ab Montag sollte das dann der externe Dienstleister übernehmen. Sollte! Denn genau das geschah nicht. Weder am Montag, noch am Dienstag noch irgendwann in jener Woche. Oder in den Wochen darauf. Und die eigenen Mitarbeiter, die das hätten geradebiegen können, durften sich ja nicht mehr einmischen! Wochenlang ging nichts mehr in der Produktion. Nichts kam rein, nicht ging weiter, alles stand still.

Nach einigen Monaten liefen die Prozesse dann endlich zufriedenstellend – bis dahin hatte das Abenteuer schon hohe Kosten verursacht statt eingespart. Der Clou: Ein Jahr später sollten die Löhne des Dienstleisters an die im Werk üblichen Löhne angeglichen werden; entsprechend wurde der Vertrag geändert. Kostenersparnis? Fehlanzeige!

Episode am Rande: Um Geld zu sparen, übernachteten die neuen Kräfte des Dienstleisters aus Osteuropa größtenteils in ihren PKW auf einem Parkplatz des PKW-Herstellers. Das war nicht ganz spannungsfrei: mehrfach kam es zu heftigen Auseinandersetzungen, musste die Polizei einschreiten. Ob das der kalkulierte Versuch war, das eigene Image zu verbessern? Wohl kaum.

Ob die Entscheidung zum Outsourcing richtig war? Vielleicht. Aber den viel zu kleinen Dienstleister auszuwählen, der keine ausgebildete Personalreserve hatte?

[11] Dieses Beispiel hat sich ähnlich zugetragen, wurde aber leicht verfremdet.

Ein Fehler. Da es abzusehen war, dass der Übergang nicht reibungslos verlaufen würde, hätte man wenigstens genügend Teile auf Lager vorproduzieren müssen, damit die Fertigung hätte weiterlaufen können und die Verkäufe nicht ins Stocken geraten wären. Das unterließ man trotz deutlicher Warnungen. Wieder ein Fehler. Dass die Zahlungen später angehoben wurden? Ebenfalls nicht im Kalkül.

Wie würden Sie eine solche Entscheidung nennen? Vernünftig? Vorausschauend? Störungen antizipierend? Sicher nicht! Merke: Der billigste Dienstleister oder Lieferant ist nicht unbedingt der sinnvollste – Kosten als einziges Kriterium heranzuziehen ist schlichtweg Unsinn.

Hurrikan Katrina und die Folgen in New Orleans

Am 29. August 2005 wütete ein Hurrikan über dem Golf von Mexiko und im Süden der USA. Die Stadt New Orleans liegt teils deutlich unter dem Meeresspiegel und tiefer als der Mississippi. Durch Orkan und Dammbruch kam es zu massiven Überschwemmungen sowie Folgewirkungen wie Krankheiten, Vandalismus, Einbrüchen usw. Es gab über 1800 Tote, viele Bewohner verließen die Stadt. Von einem gut funktionierenden, gar vorausschauenden Notfall- oder Kontinuitätsmanagement konnte nicht die Rede sein. Obwohl danach sinnvolle Maßnahmen umgesetzt wurden (z.B. neue Dämme und Schutzwände), hat sich die Stadt immer noch nicht erholt – zehn Jahre nach der Katastrophe lebten in der Stadt erst wieder 80 % der ursprünglichen Einwohner.

Das waren ein paar nicht untypische Fälle, quasi „zum Warmwerden“, aus den vergangenen Jahren. Sie sehen, es muss nicht ein Tsunami, ein Erdbeben, eine Pandemie oder ein Streik sein, was ein Unternehmen trifft und seine Prozesse zum Stoppen bringt. Die Störung kann hausgemacht sein, durch interne Versäumnisse und Fehler – die Gefahr lauert überall. Umso schlimmer, wenn die Fallstricke und Schwachstellen nicht erkannt werden. Dann ist der Katzenjammer groß.

Angespannte Großwetterlage

Kostenoptimierungsprogramme haben Achillesfersen geschaffen: die Abhängigkeit von einem einzigen Lieferanten, der teils radikale Abbau von Kapazitätsspeichern und Lagerreserven, die Eliminierung von Prozesspuffern (z.B. durch JIT), die sog. „Verschlankung der Organisation“ (Lean-Ansätze), die Zentralisierung von Funktionen und die Schließung alternativer Produktionsstandorte sowie generell ein globalisiertes Outsourcing sind alle darauf ausgelegt; sie sparen kurzfristig (also vordergründig) Kosten, sind aber bei Störungen sofort die neuralgischen Punkte. Kommen plötzliche Umbrüche, politische Turbulenzen, Naturkatastrophen oder Ähnliches hinzu, so zeigt sich sofort die Verletzbarkeit betrieblicher Prozesse; der Fall Fukushima hat das jüngst schmerzhaft und deutlich vor Augen geführt.

Oder nehmen wir Webasto, den Automobilzulieferer[12] aus Bayern mit einem Standort in (ausgerechnet!) Wuhan, China, und (kein Wunder) mit dem ersten Corona-Infizierten 2020 in Deutschland. Weil die Produktion in Wuhan zusammenbrach, konnte Webasto u.a. den koreanischen Autobauer Hyundai nicht mehr beliefern. Die Folge: Binnen kurzem standen bei Hyundai die Räder still.[13] Man sieht, wie empfindlich solche Lieferbeziehungen sind.

Nun höre ich manchen Leser geradezu laut denken, „was soll's, so eine Corona-Krise gibt es doch alle hundert Jahre mal, kein Grund zur Panik." Selbst wenn das der Fall sein sollte, wäre es die falsche Denkhaltung: Grund für den Ausfall beim Zulieferer kann alles Mögliche sein. Es geht nicht um den **konkreten Auslöser** – der kann variieren. Sondern um die **Folgen**: und die hießen hier: Stillstand, rien ne va plus! Und von wegen Einzelereignis: Nach dem (übrigens völlig vermeidbaren!) Reaktorunglück von Fukushima mussten unzählige Werke in Japan wochenlang schließen; im Zeitalter der Globalität konnten dann auch andere Länder nicht beliefert werden.[14]

Kaputtsparen als vernünftige Option?

Eingangs sprachen wir von Kostensenkungsprogrammen. Dazu ein paar längst überfällige Gedanken:

- Kosten sind immer nur *ein* Entscheidungskriterium, *eines unter vielen!* Daneben gibt es z.B. Qualität, Zeitaspekte, Entfernung, der (unerwünschte?) Transfer von Know-how hin zum Lieferanten,[15] Sensibilität (z.B. bei Rüstungselektronik), Verfügbarkeit, Flexibilität, Vertrauen, Erfahrung usw.
- Umgekehrt wissen wir eigentlich, dass *Redundanzen* immer auch Sicherheit bieten (in der IT praktizieren wir das längst), dass *kleinere, dezentrale Systeme* und Lösungen in der Summe überlebensfähiger sind, dass *Flexibilität* bei der Lieferantenwahl, bei Märkten, Vertriebskanälen, Mitarbeitern, Bauteilen und Produkten besser auf Ausfälle und Schwankungen reagieren lässt. Genau aus solchen Gründen sind Unternehmen ja auch diversifiziert – da sind mehrere Standbeine durchaus Usus! Warum also nicht die gleiche Vorsicht walten lassen, wenn es um Lager, Bauteile, Kapazitäten und Prozesse geht? Ach ja, um Kosten zu sparen…

---

[12] Webasto stellen u.a. Dach- und Heizungssystem her, neuerdings auch Ladestationen und diverse Teile für Elektromotoren.

[13] Auch wegen anderer Lieferantenausfälle

[14] Schon Jahre vorher war angemahnt worden, dass die Stromversorgung des Atomkraftwerks im Falle einer Flut oder eines Tsunami äußerst gefährdet sei. Und genau dieser Fall traf ein: Das Meerwasser setzte das Kraftwerk schachmatt, es kam zu Überhitzungen und eine Kettenreaktion setzte ein. Das war komplett vermeidbar! Aber aus Gier oder Dummheit (oder beidem) missachtete man die Warnungen. Und hinterher haben die (Un-)Verantwortlichen immer wieder dieselbe Phrase parat: „So einen worst case hat man nicht vorhersehen können…". Doch, hat man.

[15] Siehe das obige Beispiel mit IKEA in China.

- Natürlich ist möglich, dass Kosten eingespart werden (und dies vielleicht sogar an der Stelle rational vertretbar ist), aber: Welche Kosten fallen stattdessen oder zusätzlich an und werden diese offen diskutiert? Eine Verlagerung der Produktion in ausländische Werke bringt u.a. erhöhte Transport- und Kommunikationskosten mit sich, die Transaktionskosten steigen. Werden diese im Gesamtkalkül realistisch einbezogen? Oder lässt man sie unter den Tisch fallen?
- Variante hierzu: Die Einsparung findet nur auf dem Papier statt, tatsächlich stimmt die Qualität nicht, es muss moniert und nachbearbeitet werden oder es versickern Roh- und Hilfsstoffe in dunklen Kanälen. Steiff (Teddybären), Märklin (Modelleisenbahn) und Sternjakob (dazu gehörten z.B. Scout Schulranzen) haben so mit ihren China-Produktionen teuer Lehrgeld bezahlt.
- Und was ist im (angeblich so unwahrscheinlichen) Fall X? Wie hoch sind die Kosten, wenn durch den Ausfall des einzigen Lieferanten immense Störungen zu verkraften sind? Welche entgangenen Umsätze (oder Deckungsbeiträge) stehen hier den eingesparten Kosten gegenüber? Das gilt es, unvoreingenommen zu ermitteln.
- Und dann fragen wir einmal ganz frech:[16] *Was passiert eigentlich mit den eingesparten Kosten?* Werden dadurch die Produkte günstiger? Oder erhöht man damit die Boni der Entscheider und evtl. die Dividenden? In Anbetracht des Flurschadens, den solche Fälle auch für die Mitarbeiter, Kunden oder den Staat anrichten, sei die Frage erlaubt, die in den letzten Dekaden viel zu selten gestellt wurde: Darf der persönliche Eigennutz einiger weniger derart im Vordergrund stehen oder sollte nicht das Gemeinwohl endlich wieder mehr in den Fokus politischen, wirtschaftlichen und unternehmerischen Handelns rücken?

Die genannten Punkte könnte man auch anders subsumieren: Unternehmerisches Handeln sollte von **Vernunft** geleitet sein. Dann würde manches besser gemacht werden: Mögliche Großstörungen würden frühzeitig erkannt und flächendeckend gemanagt werden. Warnungen würde man ernst nehmen und nicht fahrlässig (oder vorsätzlich?) in den Wind schlagen. Man würde nicht den Kopf in den Sand stecken und nichts tun bis die Krise offensichtlich ist, sondern aktiv Vorsorge betreiben!

---

[16] Es gibt Fragen, die viel zu wenig gestellt werden, bspw. zu Inhalt und Begleitumständen des TTIP, des Obama'schen „Freihandelsabkommens" (Euphemismus #1), das unter dem (wiederum) euphemistischen Vernebelungsetikett „Investorenschutz" nicht nur unser Rechtssystem ausgehebelt, sondern einen milliardenschweren Flurschaden zu Lasten des Bundes, der Länder und der Kommunen angerichtet hätte. Hier haben Journalisten und insgesamt die Medien sträflich versagt, ihrer vornehmsten Aufgabe nachzukommen: Erstens, investigativ zu sein und Sachverhalte aufklären, und zweitens, der Politik auf die Finger zu klopfen. Stattdessen blendeten die meisten das Offensichtliche aus und gerierten sich die meisten Gazetten und Sender als unkritische Organe Berliner Hofberichterstattung.

Dabei spielen im Übrigen auch soziokulturelle und soziopsychologische Gründe eine Rolle, die von Land zu Land anders ausgeprägt sind: Die Schweizer bspw. haben hier ein deutlich ausgeprägteres Krisenbewusstsein als die Deutschen, haben längst gelernt, mit der Krise (Lawinen, Hochwasser, Bergrutsche usw.) zu leben: Beispiele dafür sind die mustergültige Minimierung der Zugausfälle der SBB oder die staatliche Vorgabe, dass Energie-, Lebensmittelproduzenten und Arzneimittelhersteller Pflichtlager unterhalten müssen, womit zwei Dinge erreicht werden: Lebenswichtige Güter sind dezentral verfügbar und es lässt sich eine Notversorgung über Wochen sicherstellen – in Deutschland fast undenkbar.[17]

---

[17] Klingt fast sozialistisch, was die Schweiz gewiss nicht ist. Bei uns herrscht eher Eigennutz; vor allem große Unternehmen und deren Lobbys diktieren, was gemacht wird (und was nicht). In der Schweiz herrscht diesbezüglich vor allem die Vernunft. Kein schlechtes Modell!

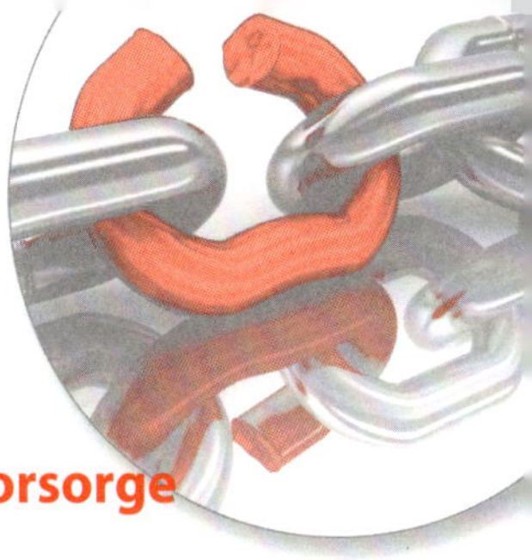

3 Umgang mit Zukunft und Krisenvorsorge

Unsere Zukunftsfähigkeit

Wir Menschen sind recht einfach gestrickt. Gerne gehen wir davon aus, dass sich die Dinge weiter so gestalten, wie sie die letzten Jahre waren. Das gibt uns (vermeintliche) Sicherheit, zumindest beruhigt es uns. Wenn irgendetwas die letzten Jahre durchschnittlich um 2 % wuchs, gehen wir davon aus, dass diese Steigerung auch für die Zukunft (und alle Zeit) gilt. Ausdruck solchen (Wunsch-)Denkens ist die *Trendextrapolation*.

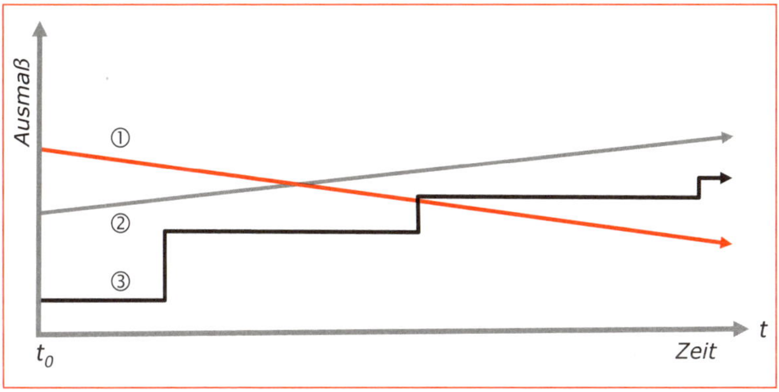

Abb. 1: Trendextrapolation

Allenfalls sind für uns noch progressive (in Abb. 2: Kurve ②) oder degressive Entwicklungen (Kurven ① und ③) vorstellbar – manchmal fällt uns das schwer, zum Teil neigen wir aber auch dazu, Entwicklungen übertrieben zu empfinden und vermuten z.B. viel größere Steigerungsraten, als die Realität bestätigt.

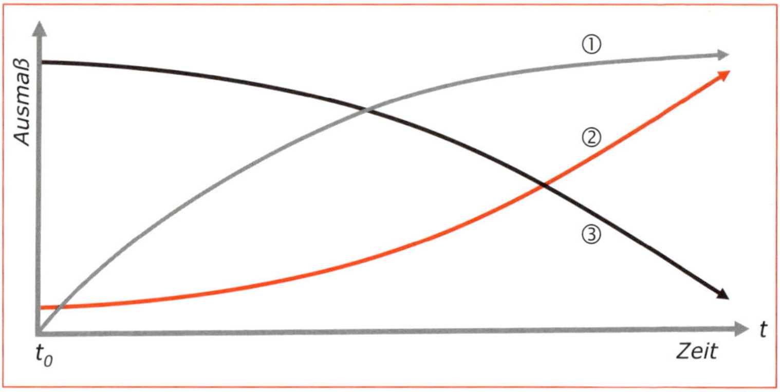

Abb. 2: Degressive und progressive Verläufe

Bei allen anderen Verläufen sind wir schnell überfordert. Schauen Sie sich Abb. 3 an: Sie zeigt den (offiziellen) Alkoholkonsum in den USA vor, während und nach der Prohibition. Von 1920 bis 1933 war der Konsum von Alkohol illegal. Was meinen Sie, welche der Kurven ① bis ④ die tatsächliche Entwicklung ab 1933 darstellt?[18]

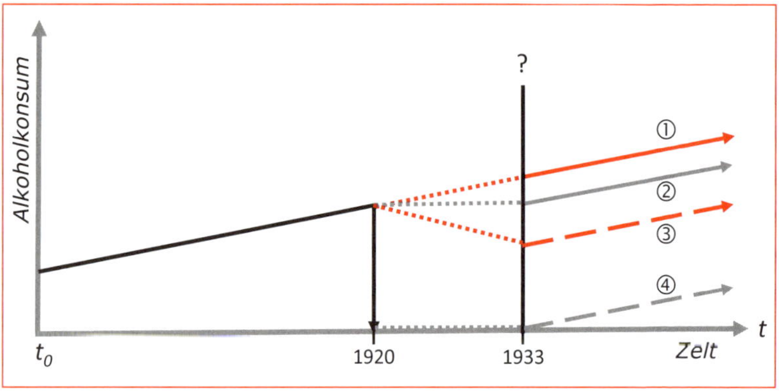

Abb. 3: Alkoholkonsum nach der Prohibition

Doch Trendbrüche, Diskontinuitäten oder vom Idealtypus völlig abweichende Produktlebenszyklen[19] zeigen uns, dass unsere subjektive Einschätzung oft genug nicht und noch nicht einmal annähernd stimmt. Selbst Fachleute,

---

[18] Die Antwort finden Sie am Ende des Buches, auf S. 97.

[19] Selbst in ihrer simpelsten Form zeigen solche Modelle mehr Traum als Wirklichkeit. Stellen Sie bspw. folgende fünf Produktlebenszyklen vor: ① VW Käfer, ② Persil, ③ Fertighäuser in den 70ern, ④ Tamagotchi, ⑤ BTX – auf eine Darstellung sei verzichtet. Am ehesten dem Ideal nahe kamen ① (viele Jahre lang) und ③ (deutlich kürzer). Gefühlt ewig lang hält er bei ② an, bei ④ – Sie erinnern sich? – währte der Hype (mit durchaus heftigem Ausschlag) trotzdem nur wenige Monate (1997). Und ⑤ haben die meisten

können sich gravierend irren, wenn sie z.B. von starren Rahmenparametern ausgehen und die Dynamik des Umfeldes nicht erkennen (vgl. hierzu Abb. 4).

Den Fall der Berliner Mauer und den Zusammenbruch der DDR hatte selbst drei Monate vorher quasi niemand auf dem Schirm – obwohl es selbst dafür schwache Anzeichen gab. Und Covid-19 auch nicht wirklich, sonst hätte man sich z.B. ab November 2019 mit Schutzkleidung eingedeckt.

Einige Entwicklungen lassen sich als *Sinuskurven* darstellen – man kennt das von der Rocklänge: Mal geht sie rauf, mal geht sie runter. Das gilt für politische Stabilität, für Einkommensverteilungen („Arm-Reich-Schere"), für Wohlstand, für technologische Entwicklungen, sogar für Rechtsformen von Unternehmen[20] usw. Um jetzt aber Zukunftsaussagen zu treffen, müssen zahlreiche solcher Großzyklen zu Szenarien gebündelt und im Zusammenhang interpretiert werden. Die Finanzkrise um 2008 war auf diese Art vorhersehbar: Mehrere Langzyklen erreichten damals ihren negativen Höhepunkt und kumulierten insofern ihre Wirkungen.

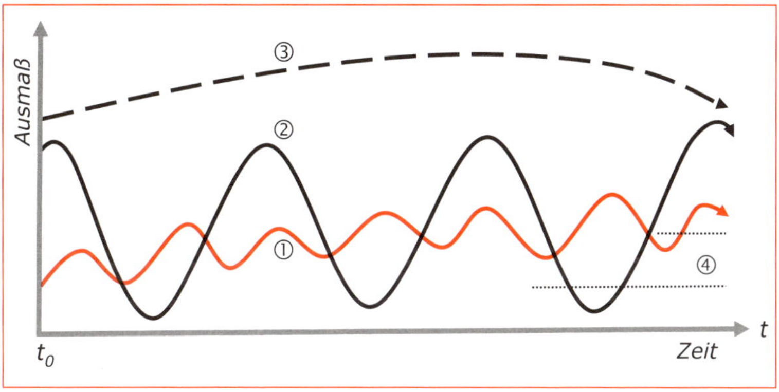

Abb. 4: Sinuskurven

① und ② stellen verschieden lange Sinuskurven da; tatsächlich gibt es welche, die einen Zyklus von zwei, drei Jahren haben, bei anderen dauert er rund sieben Jahre, bei Langzyklen auch mal über zehn, vielleicht sogar 40 Jahre. Die Linien ④ weisen darauf hin, dass solchen Zyklen auch Schwellen für einen negativen oder schädlichen Bereich zugeordnet werden können.

Wie würden Sie Kurve ③ interpretieren? Der Höhepunkt ist vorbei, trotzdem wird die Kurve in diesem oberen Schwankungsbereich verbleiben? Kann

---

gar nicht mitbekommen, sprich: war vorbei, bevor es überhaupt angefangen hatte: Diese Übermittlungstechnik wurde vom Internet in die Bedeutungslosigkeit geschickt.

[20] Vor dreißig Jahren gab es noch ca. 23 KGaA – das klang nach einem Auslaufmodell. Mittlerweile hat man diese spezielle Gesellschaftsform wiederentdeckt, im Jahr 2013 waren es 280. Auch Genossenschaften sind heute wieder gefragt, gerade auch für regionale, gemeinschaftliche Vorhaben; immerhin rund 8000 davon gibt es derzeit in Deutschland.

sein, muss aber nicht. Stellen Sie sich eine Kurve vor, einen Langzyklus, der in dieser Grafik noch rund einen Meter tiefer absinken könnte – Warm- und Eiszeiten wären dazu ein Beispiel. Hier wäre der betrachtete Ausschnitt viel zu klein/zu kurz, um auf den gesamten Kurvenverlauf schließen zu können. Man würde quasi nur die Spitze des Eisbergs betrachten, von dem großen, überwiegenden Rest hätte man keine Ahnung. Und doch kann er Realität werden, wie das Beispiel der Titanic lehrt.

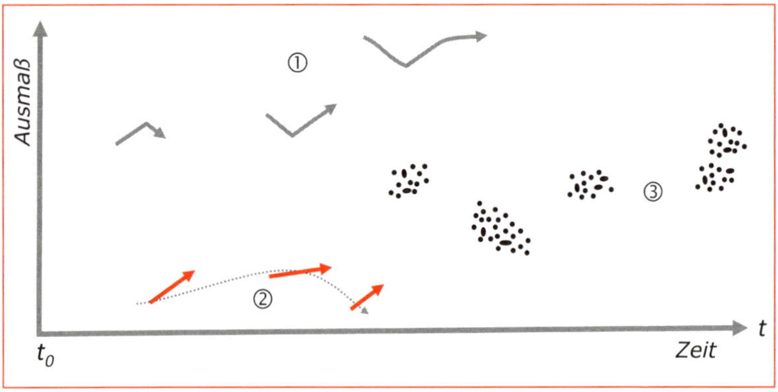

Abb. 5: Stochastische Ereignisse

Noch verwirrender sind Ereignisse in stochastischen Sprüngen (① und ②) oder als Punktwolken (③). Ganz überfordert sind wir, wenn die Entwicklungen und Sprünge völlig chaotisch erscheinen – das Bild der Chaostheorie zeigt einen Schmetterling im Amazonasgebiet, dessen Flügelschlag über eine Reihe von „Verstärkern" eine weltweite Katastrophe auslöst. Obwohl plausibel, ist dies nicht leicht nachvollziehbar oder mit einem einfachen Modell darstellbar.[21]

Doch genau das fällt uns schwer. Wie leben wir im Jahr 2040? Am liebsten genauso wie bisher, nur leicht anders? Eine Antwort geben umfassende Szenarien, die alle wesentlichen Parameter einbeziehen, überprüfen und letztlich zwei, drei plausible Zukunftsbilder entwerfen – für die meisten wiederum kaum vorstellbar. Shell bspw. wendet diese Szenario-Technik seit vielen Jahren erfolgreich an, um sich vorzubereiten auf die Zukunft – und das ist sinnvoll, wenn die Investitionen eine Amortisationsdauer von 20 und mehr Jahren haben.

Die Zukunft ist also durchaus vorstellbar, aber, zugegeben, man müsste dazu z.B. *schwache Signale* erkennen und interpretieren, müsste *Intuition* Raum

---

[21] Kein Scherz: Wer eine erste Ahnung von der Chaostheorie und dem Schmetterlings-Effekt bekommen möchte, dem sei als Einstieg das Buch (nicht der Film!) „DinoPark" von Michael Crichton empfohlen (= „Jurassic Park"); dort werden beide mit einfachen Worten erklärt. Man sollte also mehr Bücher lesen statt Filme zu schauen ;-)

geben und sich das *scheinbar Undenkbare als möglich* vorstellen können. Doch das lernt man nicht in der Schule. Was bleibt allen anderen? Die bisherigen Daten extrapolieren und ansonsten eher im Klein-Klein bewegen, „gut abgesichert" durch Zahlen, gefangen im kurzfristigen Denken. Um dann überrascht aufzuschreien: „Das hat man doch nicht kommen sehen können!"

Das gilt für den Bürger, den Politiker, genauso aber auch für viele Unternehmer und deren Mitarbeiter: Strategische Überlegungen, ein langfristiges Denken, Mut, neue Wege einzuschlagen, eine ganzheitliche Sicht, in der Unternehmen, ihre Kunden, Mitarbeiter, Anwohner usw. gleichermaßen auf ein gemeinsames Wohl ausgerichtet sind und damit umfassend Existenzsicherung gestaltet wird – das alles ist oft kaum oder nur sehr bedingt vorhanden. Stattdessen leiten uns Egoismus, eine unglaubliche und meist kaum bemäntelte Gier („Turbokapitalismus"), ein wertevernichtendes Kurzfristdenken („Nach mir die Sintflut") und allenthalben eine grenzenlose Zahlengläubigkeit. Das wird dann kokett als „hard facts" etikettiert – und unterdrückt den Blick auf weiche Parameter,[22] wie das Betriebsklima, das Engagement der Mitarbeiter (oder der Bürger), die Bildung, die Gesundheit oder die Lebensqualität, die verzichtbar oder zumindest zweitrangig erscheinen.

Über den Tellerrand hinaus!

Wenn es um Krisen geht, stecken wir lieber den Kopf in den Sand, befassen uns mit Alltagsdingen – im Management heißt das dann „das operative Geschäft", oft mit dem Zusatz „dort, wo wir unser Geld verdienen." Das ist so banal wie unvollständig (oder falsch): Stimmen die Rahmenparameter nicht mehr, brechen Märkte weg oder fallen Lieferanten aus und stehen die Bänder still, dann geht operativ auch nicht mehr viel (oder gar nichts mehr).

Hätte man aber frühzeitig Anzeichen für sog. „*Strategic Issues*" (Veränderungen, Entwicklungen und Ereignisse) erkannt, hätte man *schwache Signale* identifiziert und per Monitoring beobachtet, Abhängigkeiten und Zusammenhänge erkannt – dann wäre man mit Sicherheit besser vorbereitet, hätte ohne Handlungsdruck Maßnahmen einleiten können und das eigene Geschäft aufrechterhalten oder zumindest ohne größeren Schaden schnell wiederaufnehmen können. Jedenfalls wäre die volle Handlungsfähigkeit erhalten geblieben…

Oft sieht die Realität anders aus. Das **Risikomanagement** befasst sich hauptsächlich mit *operativen Risiken*, die i.d.R. versicherbar (über Versicherungen)

---

[22] Ein Ansatz der BWL hierzu ist die Balanced Scorecard (BSC), die erkannt hat, dass eine Steuerung eben *nicht* über Gewinne, den Cashflow oder dgl. erfolgen kann, sondern dass diese nur das Resultat dessen sind, was zuvor, gerade auch mit „weichen Faktoren", geschaffen wurde. Deshalb werden explizit z.B. Mitarbeiterzufriedenheit, Prozesseigenschaften und Qualitätsmerkmale in die ganzheitliche Sicht einbezogen. Vgl. Jossé: Balanced Scorecard. Ziele und Strategien messbar umsetzen, 2. Auflage, München 2018 (Beck-Wirtschaftsberater im dtv)

oder abzusichern sind (z.B. Hedging bei Währungsgeschäften). Das ist ein ziemlich enger Fokus und hilft nicht, wenn die Lieferkette wegbricht oder ganze Kundensegmente verloren gehen.

Hinzu kommt eine oft fahrlässig grobe Einteilung: Risiken mit einer Wahrscheinlichkeit bis zu 10 % werden oft als „unwahrscheinlich“ eingestuft. Beim Handelskonzern Rewe z.B. wird eine Wahrscheinlichkeit bis 29 % als „gering“ klassifiziert.[23] Das ist mutig. Oder teuer bezahltes Schönrechnen!

Im November 2005 kam es in NRW zu heftigen Schneefällen, rund 80 Stromleitungsmasten des Energieversogers RWE brachen unter der Last zusammen. Das Risiko war bekannt, auch, dass rund 60 % (!) aller Strommasten schwerwiegende Materialfehler aufwiesen. Trotzdem wurde das Risiko 2003 als „unwahrscheinlich“ eingestuft, mit einer Häufigkeit von einem Mal innerhalb von hundert Jahren. Fatal nur, dass schon zwei Jahre später genau dieser ach so „unwahrscheinliche“ Fall eintrat!

Was ist mit jenen Gefahren oder Risiken, die Schäden in unvorstellbarer Höhe verursachen, deren Wahrscheinlichkeit aber als nahezu Null eingeschätzt wird?[24] Ignorieren, vernachlässigen oder doch vorsorgen?

In dem Zusammenhang taucht immer wieder der Begriff 'Restrisiko' auf, und zwar im verniedlichenden Sinne: „Das kleine Quäntchen, das wir nicht abgesichert haben, das können wir vernachlässigen, da passiert schon nichts.“ Solch eine Sicht ist schon nicht mehr fahrlässig, sondern grenzt an Vorsatz. Selbst wenn die Wahrscheinlichkeit extrem niedrig ist, der mögliche Schaden aber unvorstellbar hoch – und jetzt tritt Fall X ein: Nützt es dann noch etwas, dass die Wahrscheinlichkeit gering war? Nein. Wird man dann spüren, dass die Schäden immens sind? Ja. Muss man sich deshalb darauf vorbereiten? Ja. Es sei denn, Sie sind Masochist und lieben Harakiri. Genau deshalb verzichtet BCM auf Wahrscheinlichkeiten; sie sind schlichtweg irrelevant (und verleiten Menschen und Unternehmen dazu, Bedrohungen zu ignorieren).

Für solche Situationen wie im RWE-Fall wird häufig das Schlagwort „worst case“ benutzt.[25] Da sagt z.B. eine Kommune, ein Wasserstand von 8,40 Meter sei der „worst case“, schlimmer könne es nicht kommen. Und so werden die Hochwasserschutzmaßnahmen eben auf 8,40 m ausgelegt. Doch eigentlich wissen wir: Schlimmer geht immer! Hier mahnen Experten, dass unter besonderen Bedingungen durchaus Wasserstände von 8,50 m und mehr möglich sind – wieder einmal mehr werden Mahnungen der Experten ignoriert, bis tatsächlich das nächste Hochwasser die Marke von 8,53 m erreicht. Uups!

---

[23] REWE Jahresabschluss 2018, unter: www.bundesanzeiger.de. Bei anderen Unternehmen ist es ähnlich.

[24] Schauen Sie Abb. 7 an: Es geht um die kleine, rote Fläche *ganz* unten rechts.

[25] Tatsächlich gibt es nur wenige Fälle, bei denen das Schadensausmaß im Sinne eines „worst case“ gedeckelt ist, etwa bei Optionen: Im Zweifelsfall übt man sie nicht aus und die Kosten bleiben auf den Optionspreis begrenzt. Im richtigen Leben und in der Natur funktioniert das leider kaum. Mein Tipp: Streichen Sie den Begriff „worst case“ aus Ihrem Vokabular!

Merke: Nur, weil man ein Ereignis (noch) nicht kennt, heißt das noch lange nicht, dass es nicht jederzeit (!) eintreten kann. Der sog. „Schwarze Schwan“ kennzeichnet ein solches, im Erfahrungshorizont bislang unbekanntes, aber sehr wohl existierendes Phänomen: Bis zur Entdeckung Tasmaniens galt allgemein, dass ein Schwan stets weiß sei; danach wusste man, dass es auch schwarze gibt.

Für jemanden, der von der Waterkant kommt, mögen die Harburger Berge bei Hamburg (max. 155m über NN) eine beachtliche Erhebung sein. Beim Anblicken des Brockens im Harz wird derjenige denken, das sei bestimmt der höchste vorstellbare Berg – bis er eines Tages die Zugspitze erblickt; dann gilt diese als Maximum. Und eines Tages wird das vom Mont Blanc ad absurdum geführt usw.

Was wir uns vorstellen können (oder wollen), muss mit der Realität nichts zu tun haben. Und im Zweifelsfall wiegt eine Vorbereitung auf den angeblichen „worst case“ in trügerischer Sicherheit und das Erwachen ist dann umso unsanfter.

Unser Umgang mit Krisen, Risiken und Bedrohungen

1975 lebte ich als junger Mann in London und erlebte den „Bombenherbst“ der IRA, eine Serie von Attentaten. Es gab drei Stufen von Erfahrungen:

① **Hochgegangene Bomben mit Toten** und immensen Schäden (z.B. im Hilton Hotel). Das passierte zum Glück am seltensten und ich musste es nicht live miterleben.

② **Bombendrohungen und Bombenwarnungen:** Das geschah schon fast regelmäßig. Einmal fiel deshalb nachts die letzte U-Bahn aus und ich musste zehn km quer durch die Stadt nach Hause gehen; gut, immerhin war nichts weiter passiert und ich war ungeplant an der frischen Luft. Ein anderes Mal gab es eine Bombenwarnung in meiner Arbeitsstelle, Foyles, der größten Buchhandlung der Welt. Diese wurde evakuiert[26] und so kam ich immerhin in den Genuss einer bezahlten Teepause.

③ **Vorsichtsmaßnahmen:** z.B. wurde jeder Besucher eines Kinos, eines Theaters, eines Clubs oder dgl. am Eingang auf verdächtige Materialien abgetastet und musste den Inhalt von Rucksack oder Handtasche zeigen. Das geschah jeden Tag vielfach. Es nervte zwar etwas, aber man gewöhnte sich schnell daran. Engländer sind ja im Schlangestehen geübt und insofern geduldig.

In allen drei Fällen kommt es natürlich zu Unterbrechungen, Ausfällen, Einschränkungen, kurz: Störungen – also ein Fall für BCM. Für mich selbst war das eine gute Übung. Ich erkannte, dass selbst Willkürakte einen Kontext

[26] Unsere Chefin, die Besitzerin, ignorierte die Bombenwarnung und wollte uns weiterarbeiten lassen. Die Polizei jedoch sprach ein Machtwort und geleitete uns nachdrücklich aus dem Gebäude.

haben. Und dass diverse mögliche Folgen und die Gefahr an sich durch vorbeugende Maßnahmen verringert werden können. Und mit einer gewissen Vorerfahrung lässt sich eine drohende Gefahr oft schon im Vorfeld erkennen oder gerät man schon mal nicht so leicht in Panik...[27]

Warum ich Ihnen das erzähle? Weil es zeigt, dass die Angst vor Bedrohungen (oder allgemein: negativen Ereignissen) subjektiv ist und gleichzeitig das Verhalten prägt. Bei einem anderen Erfahrungsstand werden Risiken viel bewusster eingegangen oder, umgekehrt, fahrlässig missachtet. Je höher das Bewusstsein, desto eher wird die Bereitschaft vorhanden sein, sich mit zukünftigen Gefahren und Krisen auseinanderzusetzen. Und am besten, sie frühzeitig aktiv anzugehen. Der Lohn wird sein: Eine große Chance, die Krise im Frühstadium zu erkennen und zu mindern oder zu bewältigen – und ganz nebenbei lebensfähig zu bleiben und vielleicht sogar den anderen eine Nasenlänge voraus zu sein – oder wie es der Manager ausdrücken würde: sich einen Wettbewerbsvorteil zu verschaffen.

Kleiner Exkurs: Geht jemand jedes Risiko ein, so hat er eine *Risikoakzeptanz* von 1 bzw. eine *Risikoaversion* von 0. Umgekehrt liegt eine Riskoaversion von 1 bzw. eine Risikoakzeptanz von 0 vor, wenn jemand auch nicht das geringste Risiko eingeht.[28]

Das gilt für jedes einzelne Individuum, aber auch für eine Gruppe von Menschen (z.B. Clique, Abteilung), ein ganzes Unternehmen, eine Branche, ein Land. Innerhalb eines Unternehmens können also ganz unterschiedliche Risikoausprägungen existieren, so mag jemand im Strategischen Management eine höhere Risikoakzeptanz haben als die Buchhaltungsabteilung.

Was uns vom Tier (leider) unterscheidet, ist der verlorengegangene Instinkt: Intuitiv die richtigen Dinge tun und die gefährlichen meiden. Wenn dazu noch eine Versorgungsmentalität kommt – warum sich ändern? Wenn es für alles und jeden eine Versicherung gibt, wähnt man sich in Sicherheit.

Jeder Landwirt weiß, dass es nicht nur fette Jahre gibt – auch wenn er nicht bibelfest ist. Missernten aufgrund von Frost, Dürre oder Schädlingen können jederzeit eintreten. Die simple Lösung? In guten Jahren vorsorgen, bspw. finanziell und durch Anlage von Silos/Speichern. Die Lehre aus diesem uralten Wissen: Das gilt auch für Unternehmen oder Infrastruktur – weder kann man immer am Limit fahren noch annehmen, dass gute Jahre der Normalzustand seien. Das vergessen wir allzu leicht.

Aus sog. Effizienz- und Kostengründen werden eine hohe Verkehrsbelastung und eine wenig schmeichelhafte Erfüllungsgüte bei der Bahn genauso geduldet, wie die Belastung im Krankenhaus bis zur Schmerzgrenze hochgefahren wird. Produktionsmengen sind am Limit und (institutionelle) Aktionäre

[27] Nur mal nebenbei: „Panik" im Sinne eines plötzlichen, allgemeinen Schreckens geht letztlich auf das griechische „panikos" zurück und damit auf den Waldgott Pan (der mit der Panflöte), den man sich als Ursache solcher Schrecken vorstellte.

[28] Die Skala geht in beiden Fällen also von 0 bis 1.

erwarten immer höhere Gewinne bzw. der Finanzinvestor einen höheren Verkaufspreis, wenn er nach wenigen Jahren das mit kurzfristiger Kosmetik „aufgehübschte" Unternehmen verhökert.[29] Die Vernunft würde raten: Gewinne zurücklegen, Puffer aufbauen, sensible Bereiche, Anlagen und Prozesse schützen usw. – mit einem Wort: vorsorgen.

Wir stehen vor ungelösten Problemen, ohne Vorbereitung, ohne Rezepte: In der Vergangenheit sorgten Vulkanausbrüche für enorme Verheerungen, so z.B. 1816, dem „Jahr ohne Sommer": Ein Jahr zuvor war der Vulkan Tambora (heutiges Indonesien) ausgebrochen und hatte die unvorstellbare Menge von 150 Kubikkilometer Staub und Asche sowie 130 Megatonnen Schwefelverbindungen in die Atmosphäre geschleudert, wo sie sich verteilten und wie ein Schleier um den Erdball legten. Die Rauchsäule stieg 43 km in den Himmel, die freigesetzte Energie entsprach 170.000 Hiroshima-Bomben.[30] Folgen waren (bei uns) Hitze an Silvester, zugefrorene Brunnen im Mai, der kühlste Sommer seit 500 Jahren, Nässe, die das wenige Korn verfaulen ließ, Überschwemmungen, Hungersnot und Emigrationswellen – das Ganze dauerte fast vier Jahre, mit Peaks in den Jahren 1816 und 1817.

Einzelfall? Ja, das wünscht man sich: 1883 war es wieder soweit: Der Krakatau, ebenfalls ein Vulkan in Indonesien am pazifischen Feuerring, brach aus. Die Eruption war derart heftig, dass im fernen London die Fensterscheiben wackelten! Die ganze Nordhalbkugel war betroffen, wieder schien die Sonne nur wie durch einen Schleier, verhagelte es die Ernten usw. – wenn auch nicht ganz so dramatisch wie 1816.

Ähnliches wird befürchtet, wenn der Permafrost in Sibirien taut und die im Erdreich gebundenen Treibhausgase, vor allem das extrem schädliche Methan, freisetzen. Dadurch beschleunigt sich die Erderwärmung, die Böden tauen noch schneller und setzen mehr Gase frei – ein Teufelskreis.

Wir haben wenig historisches Gedächtnis: Wer hatte noch die Spanische Grippe auf dem Schirm? Erst durch das Coronavirus entsann man sich. Und auf einmal wurde bewusst, dass solche **Pandemien nicht nur (hypothetisch) möglich sind, sondern es sie tatsächlich schon gegeben hat!**

Antizipatives Krisenmanagement als Rahmen

Würden Sie abwarten und erst beim Ausbruch eines Feuers in Ihrem Unternehmen mögliche Fluchtwege suchen und bestimmen? Oder dann erst einen Feuerlöscher kaufen? Sicherlich nicht. Notfall- und Krisenpläne werden in

---

[29] Ein fast unglaubliches Beispiel: Ein Armaturenhersteller wurde von Finanzinvestor I gekauft und nach Kurzem für das Vierfache weiterverkauft; der neue Besitzer, Finanzinvestor II, frisierte das Unternehmen mit ein paar kurzfristigen Gimmicks und verkaufte es nach kurzer Zeit für das Dreieinhalbfache. 4 x 3,5 = 14. Innerhalb weniger Jahre war der Wert des Unternehmens auf das unglaubliche 14-fache gestiegen? In der Substanz sicherlich nicht.

[30] Ziemlich perfide, das so zu messen…

„Friedenszeiten“ gemacht. Gleiches gilt für Pläne zur Wahrung der Kontinuität.

Finden Sie es sinnvoll, wenn Sie Ihren wichtigsten Rohstoff, von dem alles abhängt, nur von einem einzigen Lieferanten beziehen? Würden Sie es begrüßen, wenn Ereignisse Sie nicht überraschten, sondern Sie sie erwarten und auf sie vorbereitet wären? Und wäre es nicht toll, wenn ein Störereignis an Ihnen ohne größere Schäden vorbeizieht, weil sie es mit diversen Maßnahmen in den Griff bekommen?

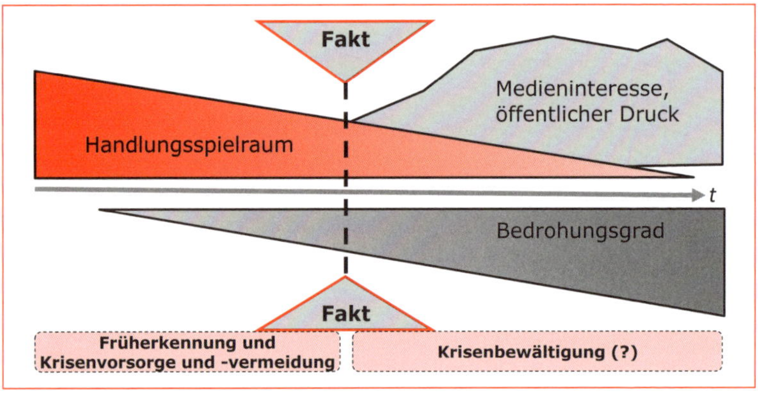

Abb. 6: Handlungsspielraum, Bedrohung und allgemeine Wahrnehmbarkeit von Krisen

„Zeitablauf vernichtet Handlungsmöglichkeiten.“ Krisenhafte Entwicklungen sollten daher frühzeitig erkannt werden. Das gilt erst recht für existenzielle Bedrohungen. „Gefahr (frühzeitig) erkannt, Gefahr gebannt“, heißt die Devise völlig zu recht – und wird doch immer wieder ignoriert. Dann kommt das große Aufwachen: „Die Krise kam (angeblich) ganz plötzlich und unerwartet, keiner hat sie in der Form oder in der Höhe voraussagen können…“ Eine unbewiesene Schutzbehauptung, die allzu oft unwidersprochen bleibt. Hätte man jedoch die eigene Organisation (Unternehmen, Behörde, Staat) auf Schwachstellen abgeklopft und ihre Umwelt systematisch gescannt und Bedrohungen analysiert, man hätte sich wohl (fast immer) gut vorbereiten und wappnen können. Ein Beispiel…

Drucksache 17/12051:[31]

Pandemie durch Modi-SARS, einen Erreger der Familie der Coronaviren

- Herkunft: *von Wildtieren aus Südostasien; dort auf Märkten Übertragung auf Menschen*
- Ausbreitung: *global, hauptsächlich Asien, Europa, Nordamerika; in Deutschland wenige Wochen nach Entdeckung des Virus'*
- Symptome: *Fiber, trockener Husten, oft Atemnot, Lungenveränderungen*

[31] Vgl. Jörges (2020), S. 18; Gerster (2020); Deutscher Bundestag (2013)

- Ansteckung: *über Tröpfchen, Infizierte stecken Ø drei Gesunde an; bis zum Ausbruch der Krankheit dauert es zwei bis 14 Tage*
- Wiederholte Ansteckung: *möglich, weil sich das Virus per Mutation verändert*
- Impfstoff: *steht erst nach drei Jahren zur Verfügung*
- Maßnahmen: *Isolierung Kranker, Quarantäne für Kontaktpersonen, Schulschließungen, Absage von Großveranstaltungen, Einschränken der Versammlungsfreiheit, Hygiene, Masken, Handschuhe*
- Infektionswellen: *drei Wellen binnen drei Jahren; in der ersten Welle werden in Deutschland 6 Mio. Menschen gleichzeitig infiziert, gut 4 Mio. müss(t)en im Krankenhaus versorgt werden. Dem stehen nur 500.000 Krankenhausbetten gegenüber.*
- Infizierte: *29 Mio. im ersten Jahr, 23 Mio. im zweiten und 26 Mio. im dritten Jahr*
- Sterblichkeit: *10 %, bei den über 65jährigen rund 50 %*
- Tote: *mind. 7,5 Mio.*
- Folgen: *Engpässe bei medizinischer Ausrüstung, bei Personal sowie der Lebensmittelversorgung. Medizinische Versorgung bricht zusammen. 4 Mio. Arbeitskräfte gestorben (= 10 % der Erwerbstätigen). Wirtschaft stürzt ab*
- Wahrscheinlichkeit: *anzunehmender schlimmster Fall, Häufigkeit = 1x innerhalb von 100 bis 1000 Jahren*

Kommt Ihnen das bekannt vor? Bis auf ein paar Details klingt alles so, wie Sie es von Covid-19 im Frühjahr 2020 her kennen: Ursprung, Verbreitung, Symptome, Maßnahmen, Knappheit von medizinischer Ausrüstung… Modi-SARS war zwar fiktiv, aber als eine Abart von Coronaviren sehr realistisch. Nur die Zahl der Infizierten und Toten klingt nach einem Horrorszenario, das sich keiner vorstellen wollte. Keiner? Doch, jene Fachleute unter der Federführung des Robert-Koch-Instituts, die das obige Szenario 2012 durchspielten. Und die Bundesregierung veröffentlichte den Bericht am 3. Januar 2013: Jeder Bundestagsabgeordnete bekam ihn, jedes Ministerium, alle 16 Landesregierungen. **Man wusste also genau, dass eine derartige Pandemie möglich ist** und welche desaströsen Auswirkungen sie haben kann. **Trotzdem wurde der Bericht ignoriert,** nicht einmal Vorräte an medizinischer Schutzkleidung oder Desinfektionsmittel wurden angelegt! Ein Bericht für den Papierkorb wurde nur sieben Jahre später brutale Wirklichkeit. Die Ignoranz der Handelnden zeigte sich schnell an den Engpässen, z.B. bei Atemschutzmasken.

Wie meinte Gesundheitsminister Spahn: „Es war schwer vorhersagbar, wann und ob das Virus Europa erreicht." Das „Wann" vielleicht schon, aber das „Ob" war und ist in einer derart globalisierten Welt sonnenklar, eher würde es erstaunen, wenn eine derartige Epidemie *nicht* nach Europa überschwappte. Und dass man sich auf dem Weltmarkt um Schutzmasken streiten würde, so Spahn weiter, „hat so niemand erwartet." Doch, die Drucksache 17/12051 der Bundesregierung…[32]

[32] Immer wieder werden ähnliche Szenarien mit Pandemien als größter Bedrohung und gleichzeitig mangelhafter Ausrüstung vorhergesehen; für die Schweiz bspw. vgl. Bucher (2017), S. 13 ff.; vgl. Landesgesundheitsamt Baden-Württemberg/BBK (2010), S. 101 ff.

Ich nehme es der Politik nicht einmal übel; viele Menschen ignorieren eine Bedrohung selbst dann, wenn sie explizit und fundiert darauf hingewiesen werden. Und Politiker sind auch nur Menschen und unterliegen Fehleinschätzungen (und allzu oft der Parteiräson). „Politik nimmt Bedrohungen in der Regel erst ernst, wenn sie da sind.“[33]

Wenn Politiker derart fahrlässig mit einem bitter ernsten Szenario umgehen, dann wären Journalisten und die Medien gefragt. Diese hätten beim *Bundesamt für Bevölkerungsschutz* auf die Drucksache zugreifen, das Szenario thematisieren und damit die Politik mahnen können; in den sieben Jahren vor der Coronakrise wurde der Bericht anscheinend kein einziges Mal heruntergeladen.

Geht es auch anders? Antwort: Natürlich! Schauen wir einmal über den Tellerrand (das ist oft hilfreich und verändert den Blickwinkel), und zwar in die Schweiz. Das dortige *Bundesamt für Bevölkerungsschutz* analysiert, *zusammen mit der Wirtschaft*, ohne Scheu alle Risiken mit gravierenden Folgen. Ziel ist letztlich, Stromversorgung, Logistik, Ernährung, Heilmittel, IKT und Industrie aufrechtzuerhalten. Neben abgestuften Maßnahmenplänen gibt es u.a. auch Pflichtlager, z.B. für Lebens- und Arzneimittel oder Erdöl.[34]

Bei uns würden solche Forderungen gleich auf massive Kritik stoßen,[35] „Bevormundung durch den Staat“ und „Sozialismus“ wären Totschlagargumente, die gegen ein angeordnetes Anlegen von Vorräten propagiert würden. Nun wissen wir, dass die Schweizer beileibe keine Sozialisten sind (und das Frauenwahlrecht haben sie auch erst seit 1971).[36] Und trotzdem praktizieren sie das so und nehmen auch die Unternehmen in die Verantwortung? Ja, und zwar aus einem guten Grund: Und der heißt „Vernunft“. Nichts Anderes. Es ist vernünftig, auf bestimmte Fälle vorbereitet zu sein, um zumindest die Folgen zu mindern. Eine ausreichende Versorgung mit Energie, Lebensmitteln und Medikamenten gehört dazu. Die Schweizer haben es kapiert. Vielleicht lernen wir von ihnen?

---

[33] Jörges (2020), S. 18

[34] Als 2018 aufgrund von extremem Niedrigwasser der Hafen in Basel nicht angefahren und deshalb die Schweiz nicht mit diversen Gütern versorgt werden konnte, wurden einige dieser Pflichtlager freigegeben; damit wurde die Versorgung sichergestellt.

[35] Fragen wir etwas plakativ: Möglicherweise von jenen, die im Bedrohungsfall gleich die Hand aufhalten und Staatshilfe fordern? Wie verträgt sich das? Nehmen, aber wenig geben wollen?

[36] In sämtlichen Kantonen erst seit 1990.

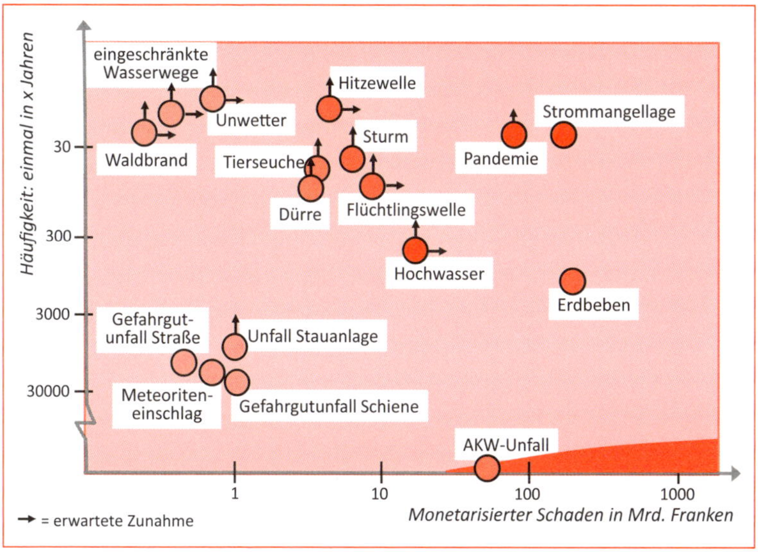

Abb. 7: Gefährdungskatalog[37]

Die Gefahren links oben haben eine hohe Häufigkeit, aber ein relativ niedriges Schadensausmaß, jene rechts unten einen immensen Schaden bei extrem niedriger Häufigkeit/Wahrscheinlichkeit.[38] Und was sehen Sie oben rechts? Das ist dort, wo sowohl der Schaden hoch ist als auch die Häufigkeit… Und tatsächlich: *Pandemie* steht dort, so häufig wie eine längere Strommangellage! Und das wird sogar als gar nicht so selten angesehen, nämlich als einmal binnen 30 Jahren – wir erinnern uns: Im vorherigen Beispiel des fiktiven Modi-SARS waren es 100 bis 1000 Jahre.[39]

Vielleicht steht die nächste Pandemie schon vor der Haustür? SARS (2002/03) und Ebola (2014-16) sind schließlich gar nicht lange her, wenn sie insgesamt auch schwächer verliefen und Europa weniger betrafen. Vielleicht waren sie kleine Vorbeben, also Vorboten einer größeren Bedrohung?

Nebenbei: Die spanische Grippe wütete vor rund hundert Jahren (1918-1920; mit rund 50 Mio. Toten weltweit), vor rund 200 Jahren gab es auch eine Pandemie. Der „Schwarze Tod“, die Pest, wütete bei uns von 1346-52, kostete

[37] Vgl. Brem (2019), S. 9

[38] Annahme Skala: Wahrscheinlichkeit = 8, Ausmaß = 3 vs. Wahrscheinlichkeit = 3, Ausmaß = 8. Das Produkt ist dasselbe. Sind aber tatsächlich beide Risiken gleich stark, gleich dringend, gleich zerstörerisch, gleich ansteckend? Wohl eher nicht. Solche vereinfachten Kalküle sind dubios! Und dann gibt es ja noch die Zone ganz rechts unten: Insgesamt ein sehr kleines Produkt, aber ein enormer Schaden…

[39] Es ist menschlich, dass wir Gefahren, wenn wir sie schon erkennen, dann doch als eher unwahrscheinlich einschätzen oder das unangenehme Ereignis weit in die Zukunft schieben…

25 Millionen Menschen das Leben, bei uns ca. 10 % der Bevölkerung.[40] Erst rund 110 Jahre her ist die 3. Pest-Pandemie; sie dauerte von 1894–1911 und forderte vor allem in Asien und Nordeuropa 12 Mio. Leben. Sie sehen: gar nicht so selten – und die vielen, aus europäischer Sicht kleineren Pandemien sind hier gar nicht aufgeführt! Insofern scheinen (bis zu) 1000 Jahre als Zeitraum etwas gewagt.

Manche mögen einwenden, dass die genannten Fälle spezifische Ereignisse seien, die nicht zu vergleichen sind, weil sie unter besonderen Bedingungen geschahen (z.B. vor rund 100 Jahren die geschwächte Bevölkerung nach dem ersten Weltkrieg). Das stimmt und ist gleichermaßen falsch: Es gibt *immer* eine spezifische Konstellation für Entstehung und Verbreitung von Epidemien, also Enabler und Verstärker einer negativen Entwicklung (das gilt im Übrigen für jede Krise); so sind z.B. die wirtschaftlichen und privaten Verflechtungen weltweit viel intensiver als vor hundert Jahren. Der erste Coronafall in Deutschland zeigt es: Ein bayrischer Automobilzulieferer, der (ausgerechnet!) in Wuhan (dem Epizentrum von Covid-19) ein Werk hat, wo sich ein Mitarbeiter infizierte…

Warnungen ignorieren und Anzeichen für Bedrohungen missachten, das kann sich bitter rächen. Umgekehrt zeigen zahlreiche Fälle, dass eine gute Vorbereitung schon der halbe Sieg ist. Mittlerweile nimmt die Anzahl der Bedrohungen, z.T. auch deren Ausmaß, drastisch zu. Wer nicht den Kopf in den Sand steckt, muss sich dieser ernsten Situation stellen und Vorsorge treffen, bspw. mit BCM.

Bedrohungen, Störungen und Krisen dürfen nicht ausgeblendet werden; vielmehr ist ihre Berücksichtigung *immanenter Bestandteil jeder guten, strategischen Unternehmensführung,* und zwar, im besten ganzheitlichen Sinne, nicht als Vielzahl isolierter Einzellösungen (und wieder eine neue XY-Management-Abteilung mehr!), sondern als gelebter, integrativer Managementansatz jeder *vernünftigen Unternehmensführung.*

Jede Bedrohung, jedes Risiko hat – spätestens bei unglücklicher Verkettung von Ereignissen und Entwicklungen – die Kraft, eine veritable Krise heraufzubeschwören. Das gilt für *Großstörungen* im besonderen Maße, da sie per se desaströse, nachhaltige Schäden bewirken können bis hin zur Existenzvernichtung des Unternehmens. Damit sind Großstörungen (und eigentlich bereits die Versäumnisse im Vorfeld, die Störungen zu negieren und sich ihnen gebührend zu widmen) grundsätzlich Krisenauslöser. Kommt ein *Dominoeffekt* hinzu, wird die Störung nicht adäquat gemanagt, ist die daraus resultierende Krise kaum noch zu handhaben.

Schauen wir uns noch einen Fall an, bei dem die Dinge ganz anders gelagert waren; Sie erinnern sich bestimmt:

---

[40] Auch sie entstand in Zentralasien und gelangte über die Handelsrouten nach Europa – nicht viel anders als bei Covid-19 im Jahr 2020.

Der **Erdölproduzent Shell** wollte 1987 eine seiner ausgedienten Bohrplattformen namens *Brent Spar* in der Nordsee in tiefere Wässer schleppen und im Meer versenken – alles genehmigt und letztlich umweltverträglich (wie Greenpeace später zugab). Dann aber wurde die Aktion publik, eine breite Front baute sich gegen Shell und deren Vorhaben auf; selbst Bundeskanzler Kohl verurteilte die geplante Versenkung. Allein in Deutschland wurden wochenlang Tankstellen boykottiert und bestreikt: Shell verlor in Deutschland rund 20 % seiner Umsätze! Das entspricht ca. 72 Tagen 0 Umsatz oder knapp fünf Monaten jeweils einen halben Monatsumsatz. Das kippt jede Gewinnprognose! Bei einer angenommenen Umsatzrendite von 10 % benötigt Shell also zwei Jahre, um eine „schwarze Null" zu schreiben, bei einer Rendite von 7 % sogar drei Jahre –in beiden Fällen keine Freude für die Aktionäre.

Obwohl Shell eigentlich ordnungsgemäß vorgegangen war, waren Umsatzeinbußen und Imageschaden enorm! Auf die Störungen im Betrieb (Boykott) und im Image (Kundenabwanderung) war man nicht vorbereitet.

Bevor wir uns gezielt mit BCM befassen, wollen wir zeigen, dass es Teil eines umfassenden **Krisenmanagements** und damit jeder Strategischer Unternehmensführung ist – diese beiden gehören grundsätzlich untrennbar zusammen.

Sich frühzeitig mit möglichen existenzbedrohenden Gefahrenpotenzialen und Störungen zu befassen, die ansonsten die Existenz nachhaltig schädigen können, das ist aktive Krisenvorsorge! *Großstörungen sind durch ihren destruktiven Charakter und die Möglichkeit der toxischen Folgewirkungen geeignet, Unternehmen und Organisationen in ihrer Existenz massiv zu bedrohen. Sie zu ignorieren ist keine (vernünftige) Option. BCM identifiziert die Achillesfersen eines Unternehmens, spürt die Problemherde antizipativ auf, handhabt sie via geeigneter Maßnahmen und beugt so existenziellen Krisen vor.* Dies geschieht immer vor einem strategischen Hintergrund, der die gesamte Organisation und deren Umwelt mit ihren komplexen Beziehungen einbezieht. **Strategisches Management fragt, was zu tun ist, damit die Dinge laufen. Ergänzend fragt BCM, was zu tun ist, falls sie nicht laufen** (bzw. dass sie dennoch weiterlaufen).

Nun hört oder liest man immer wieder von **Krisenmanagement**, z.B. nach einer Flugzeugkatastrophe oder in einer Pandemie. Das ist eine unzulässige Verengung: Tatsächlich geht es hierbei um ein Handeln, *nachdem* die Krise offenbar wurde, d.h., allgemein bekannt. Das Krisenmanagement in diesem Sinne ist dann die Arbeit von *Krisenstäben* und sehr viel *Krisenkommunikation.*

Eine so enge Sicht vergisst aber, dass jede Krise eine *Vorgeschichte* hat und am besten schon vor ihrem „Ausbruch" identifiziert und analysiert werden sollte, damit noch das volle Handlungsspektrum zur Verfügung steht. Um es ganz drastisch auszudrücken: Ist das Kind schon in den Brunnen gefallen, interessiert mich das kaum – gut, ich würde (aber bitteschön vorher!) in den Brunnen eine weiche Schicht legen, damit man sich beim Sturz nicht verletzen kann, einen Rettungsknopf im Brunnen anbringen, eine Leiter zum

Rausklettern installieren usw. Was mich jedoch viel mehr interessiert, ist, zu verhindern, dass das Kind überhaupt in den Brunnen fällt – auch dafür gibt es eine Reihe von Maßnahmen.

Alles was geschieht, nachdem es in den Brunnen gefallen ist, sind fast schon routinemäßige Notfallmaßnahmen.[41] Aufwendiger sind Überlegungen, die *vor* diesem Unfall liegen.[42] Weshalb kann das passieren? Ist der Boden rutschig? Ist die Brunnenmauer zu niedrig? Spielen dort in der Nähe Kinder? Wurden die Kinder auf die Gefahr hingewiesen? usw.

Die Erfahrung zeigt, dass oft die schlimmsten Schäden und Auswirkungen (und Folgewirkungen) vermieden oder zumindest verringert werden können, wenn man sich im Vorhinein mit Krisen- bzw. Störungsszenarien auseinandersetzt.

Vielleicht der wichtigste Wissenschaftler Deutschlands zum Thema Unternehmenskrisen ist Prof. Dr. Ulrich Krystek. Ich hatte das Glück, ihn als Hochschullehrer und später als geschätzten Kollegen zu erleben; nicht unwesentlich war sein Beitrag, mich mit Krisenmanagement und der Antizipation der Zukunft zu befassen...

Seine Erkenntnisse fließen in die nachstehenden Aspekte ein.

Unternehmenskrisen

Täglich berichten die Medien über **Krisen**, z.B. im Bereich der Politik oder der Wirtschaft. Dieser fast schon inflationär gebrauchte Begriff stammt aus dem Griechischen und bedeutet dort die Entscheidung oder Wendung während einer gefährlichen Entwicklung. Als *Wendepunkt* kann sich die Krise zum Schlechteren wenden, aber auch zum Besseren.

Von einer *Unternehmenskrise* spricht man, wenn die bedrohliche Situation die Kraft hat, das Unternehmen nachhaltig zu schädigen und gar dessen Existenz zu vernichten.[43]

[41] Notfallmanagement ist ein Wegbereiter von BCM und kann mittlerweile als Bestandteil von BCM betrachtet werden.

[42] Kritiker höre ich einwenden, dass man doch nicht jeden einzelnen, denkbaren Fall vorher erahnen und managen kann. Stimmt, Sie haben recht. Muss aber auch nicht sein: 1. helfen Pläne und Maßnahmen oft auch für ähnliche, andere Vorfälle (z.B. Epidemie oder Chemieunglück), 2. sind bei verschiedenen Fällen die Folgewirkungen oft ähnlich (z.B. Panik) und 3. schafft das Vorbeugen insgesamt ein Krisenbewusstsein und erhöht so auch die Widerstandskraft der Organisation.

[43] Nicht jede *allgemeine* Krise bedeutet automatisch auch eine *Unternehmens*krise. Ohne Zweifel stellte der Anschlag 9/11 eine Krise dar – und für viele Unternehmen, die im World Trade Center ihre Büros hatten, auch: Sie verloren Menschen, Mobiliar und Daten. Einige erholten sich davon nie wieder. Und doch gab es auch Gewinner der Krise, wie bspw. Sicherheitsfirmen oder IT-Dienstleister, die danach unzählige Backup-Systeme installierten. Für sie war die allgemeine Krise keine Bedrohung, sondern ein Glücksfall – so perfide das auch klingen mag. Für Schutzmaskenhersteller und Pharmaunternehmen war die Coronakrise ebenfalls ein Glücksfall.

Charakteristika einer Unternehmenskrise sind:

- *Existenzbedrohung* (manchmal kommt es akut zum Existenzende, manchmal schleichend – und manchmal, zum Glück, überhaupt nicht)
- *Gefährdung dominanter Ziele*
- *Prozesscharakter:* eine Krise durchläuft mehrere Phasen
- *Ambivalenz* des Krisenausgangs
- *Ursachen* liegen *innerhalb* und *außerhalb* der Unternehmung, werden aber grundsätzlich durch endogene Mängel verstärkt (klassisch: Managementfehler)[44]
- *Zeit- und Entscheidungsdruck,* der u.a. durch eine öffentliche Wahrnehmung noch anwächst
- *Steuerungsproblematik:* Eine Krise stellt hohe Ansprüche und besondere Fähigkeiten an die Führungsqualität, und zwar aufgrund des Zeitdrucks, der hohen Komplexität, der Einmaligkeit und Neuartigkeit der Problemstellung(en)

Die ersten drei Merkmale definieren Unternehmenskrisen hinreichend. Die *Ursachen* sind exogener, aber vor allem und immer auch endogener Natur – und sei es nur, weil die Bedrohung lange verkannt und die Krise zu spät, mit falschen Mitteln oder halbherzig (oder alles drei) angegangen wird. Zwischen den einzelnen Ursachen bestehen komplexe Beziehungen und Interdependenzen, manche z.B. sind an sich vernachlässigbar, nicht aber, wenn sie auf eine andere Ursache stoßen; erst deren Koppelung mag eine negative, verstärkende Kraft bewirken.

Welche Unternehmen sind besonders gefährdet?

Unternehmen mit hohem Krisenpotential:

- Unternehmen mit nur einem Standbein
- Unternehmen, die zu stark diversifiziert sind
- Unternehmen, die nur auf den Chef ausgerichtet sind
- Unternehmen, die zu schnell wachsen
- Unternehmen, die technokratisch ausgerichtet sind
- Unternehmen, die sich nur aufs Tagesgeschäft konzentrieren
- Unternehmen, die sich angreifbar machen
- Unternehmen, die über keine validen Kontinuitäts- und Notfallpläne verfügen
- Unternehmen mit unzureichender Eigenkapitalausstattung
- Unternehmen, die erst vor relativ kurzer Zeit gegründet wurden (Start-ups)

[44] So mögen z.B. zwei Unternehmen A und B in derselben Branche tätig sein, in der es zu größeren Verwerfungen kommt (z.B. durch Materialengpässe oder Technologiewechsel). A ist dem mehr oder minder schutzlos ausgeliefert und trudelt rapide in eine Krise, deren Ausgang zweifelhaft ist. B hingegen hat ein völlig anderes Geschäftsmodell und ist kaum betroffen – im Gegenteil mag es vielleicht sogar die Krise des anderen nutzen und seine Absatzzahlen steigern.

Wie einzelne **Krisenursachen** miteinander in Beziehung stehen, muss natürlich bei ihrer Analyse und bei den zu ergreifenden Maßnahmen berücksichtigt werden. *Man muss eine Krise verstehen!* Krisen und ihre Ursachen sind:

- *Multikausal*, haben also meist nicht nur *eine* Ursache, sondern eine Vielzahl, oft miteinander verknüpfter Ursachen. Kaum irgendetwas in der Welt ist monokausal. Und doch drücken wir nach unserer Denkweise quasi einen Knopf, und dann erfolgt *genau die eine*, gewünschte Wirkung, meinen wir. Das ist Unsinn. Und gefährlich, weitere Wirkungen einfach auszublenden. Die Geschichte der Menschheit ist voll solcher Fehler aus Simplifizierungsgründen.
- *Mehrstufig,* d.h., Wirkungen und Ereignisse sind oft Ursachen auf der nächsten Stufe und lösen dadurch Kettenreaktionen aus (z.B. Panik durch schlechte Information bei einem Unglücksfall).
- *Multilokal:* Krisenursachen sind meist nicht nur auf einen Entstehungsort beschränkt, sondern entstehen in verschiedenen Bereichen innerhalb und außerhalb des Unternehmens – gerne als Verkettung außergewöhnlicher Umstände etikettiert. Das gilt für den Krisenverlauf gleichermaßen: Vom ursprünglichen Brandherd aus mag sich die Krise durch ganz andere Bereiche ziehen, sogar Betriebsfremde betreffen.
- *Infektiös:* Dieser Aspekt ist eng mit den drei bisherigen verbunden: Von Krisen geht eine Ansteckungsgefahr aus – andere Bereiche, Produkte, Marken, Standorte usw. können infiziert werden
- *Multitemporal:* Krisenursachen tauchen nicht alle gleichzeitig auf, sondern oft zu verschiedenen Zeiten; das ist u.a. wichtig bei ihrer Bekämpfung: so mag eine weggeworfene Zigarette einen Waldbrand auslösen, eine Hitzewelle und Wind aus entsprechender Himmelsrichtung (ggf. zeitversetzt) mögen zusätzliche Ursachen sein und das Feuer anfachen, im Folgejahr kommt es zu starkem Schädlingsbefall usw.
- *Ambivalent:* Krisenursachen bergen sowohl Gelegenheiten als auch Bedrohungen. Und was die Krise selbst betrifft, da lautet die gute Nachricht: Krisen haben nicht nur das Zeug zum Ruin, sondern auch die Kraft, sich zum Guten zu wenden. Eine Krise ist grundsätzlich ambivalent; rechtzeitig und sinnvoll angegangen, kann sie meist bewältigt werden. Im Einzelfall geht man sogar gestärkt aus der Krise hervor: Nach überstandener Krankheit schützen zukünftig Antikörper. Oder, etwas gewagter: Der Verlierer des 2. Weltkriegs war…? Genau: Großbritannien. Nicht politisch, aber wirtschaftlich. Und Deutschland? Das erhob sich wie Phönix aus der Asche, wurde u.a. mit Marshallplan-Mitteln aufgebaut, verfügte bald über die modernsten Industrieanlagen Europas und vollbrachte so das Wirtschaftswunder. Weniger drastisch geht auch: Nach einem Brand werden die Maschinen durch neue, leistungsfähigere ersetzt, außerdem hat man aus den Fehlern gelernt, die zu dem Unglücksfall führten oder ihn begünstigten – beides Verbesserungen!

Der **Prozesscharakter** einer Krise eröffnet diverse Möglichkeiten zum frühzeitigen Handeln. Nach *Krystek* durchläuft eine Krise diese vier Phasen (falls sie nicht vorher bewältigt wird):

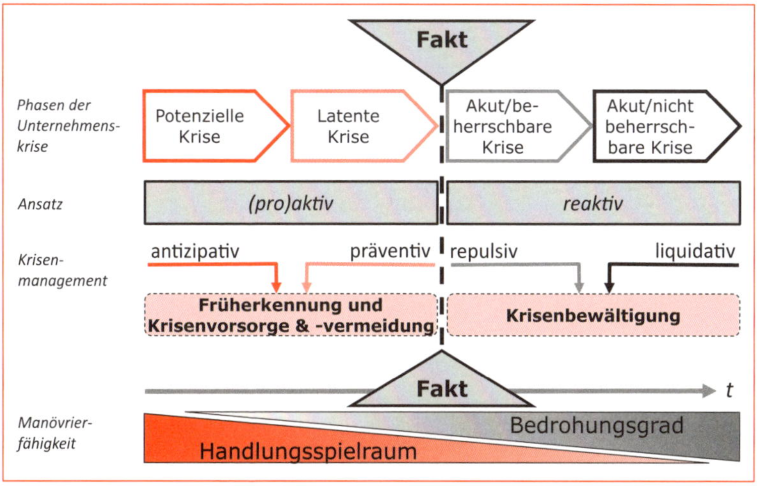

Abb. 8: Die Krise als Prozess – Das Phasenmodell nach Krystek

Die **potenzielle Krise** ist quasi der Normalzustand, der sich allein schon aus der Existenz ergibt. Mögliche und noch nicht reale Krisen sind denkbar. Die Dauer bis zum Eintreten ist i.d.R. sehr groß, der Handlungsspielraum auch. Um gewappnet zu sein, sind Krisen gedanklich zu antizipieren, Szenarien zu entwickeln und daraus z.B. Alternativpläne abzuleiten. Strategien sind auf Krisenresistenz abzuklopfen. Auch BCM-Pläne für strategische Überraschungen, Verwerfungen und dgl. gehören hierher.

Die **latente Krise** ist verdeckt bereits vorhanden und offenbart sich voraussichtlich bald. Bedrohungsgrad, Schadensausmaß und Druck sind noch (sehr) niedrig, gleichzeitig stehen nahezu alle Handlungsoptionen und ausreichend Zeit zur Verfügung. Mit üblichem Instrumentarium (z.B. Bilanz, GuV) ist sie noch nicht oder kaum und zumindest nicht eindeutig wahrnehmbar, Methoden der Früherkennung werden benötigt. Verkannte oder nicht ausreichend abgesicherte Großstörungen können dieser Phase zugeordnet und entsprechende Strategien und Maßnahmen zur Wahrung der Kontinuität entwickelt werden, solange sie noch nicht akut sind.

Nach der *allgemeinen Wahrnehmbarkeit („the fact")* wächst der *Bedrohungsgrad*, verstärkend hinzu kommen Druck durch die Medien, von Geschäftspartnern, Banken usw. Auch schrumpft das *Handlungsspektrum* deutlich. Jetzt erst spiegelt sich die Krise in „harten Fakten" und Kennzahlen wider. Trotzdem ist in der **akut/beherrschbaren Krise** eine Trendumkehr immer noch möglich. Ein wirksames BCM sollte nun unverzögert auf vorher (!)

ausgearbeitete Pläne und Ersatzoptionen zugreifen können, gerade auch für zusätzlich auftauchende Störungen, die nun die Krise akut verstärken (z.B. Kunden oder Finanziers wollen abspringen).

In der **akut/nicht beherrschbaren Krise** ist die Rettung kaum noch möglich, die Schäden sind zu hoch. Zusätzlich kommt es oft zu einem Vertrauensverlust. Das Verscherbeln des „Tafelsilbers" bewirkte höchstens eine Atempause, aber keine nachhaltige Verbesserung oder Umkehr. In vielen Fällen bleibt nur noch die Liquidation. Die Kontinuität ist dann endgültig passé.

Stimmt es Sie pessimistisch, wenn Sie das lesen? Sollte es nicht! Im Gegenteil: Es zeigt, dass eine Krise Phasen durchläuft, und nicht zwingend alle! Früh genug erkannt und gegengesteuert, können Sie nicht nur den größten Schaden vermeiden und mit einem blauen Auge davonkommen, sondern durchaus sogar ohne jegliche Blessuren. Selbst für Ereignisse, die Sie nicht auf dem Plan hatten, helfen ein vorausschauendes Krisenmanagement und erst recht ein BCM: Viele der Strategien und Maßnahmen greifen auch bei anderen Störungen, und zur Reduzierung schädlicher Folgewirkungen gilt dies erst recht.

Ein Beispiel gefällig? Sie haben als Störungsszenario erkannt, dass der Wegfall Ihres Hauptumsatzbringers in Ihrem Absatzmarkt Nr. 1 eine ernstzunehmende Störung ist und verschiedene Maßnahmen entwickelt, die u.a. auch die von Ihnen identifizierten Störungsursachen aktiv handhaben. Als die Störung eintritt, hat sie jedoch eine andere Ursache[45] – trotzdem werden einige Ihrer Maßnahmen (wenn nicht alle) greifen können. Des Weiteren haben Sie Maßnahmen entwickelt, die Folgewirkungen abfedern sollen. Diese sind auch jetzt wirksam, obwohl Sie den Auslöser der Störung nicht kannten. *BCM bereitet Sie auch auf Fälle vor, die Sie heute noch nicht auf dem Plan haben!*[46]

---

[45] Denken Sie einmal an die von Herrn Trump verhängten oder angedrohten Einfuhrsanktionen (deutliches Anheben von Einfuhrzöllen) in den letzten Jahren. Das hatte vorher kaum jemand auf dem Schirm. Oder dass 2018 der Iran als Handelspartner quasi wegbrach, weil u.a. Munich Re (der Rückversicherer anderer Versicherungsgesellschaften) und zahlreiche Banken nicht in Trumps Augen als „Schurken" gelten wollten und deshalb keine Geschäfte mehr mit dem Iran absicherten bzw. Zahlungen abwickelten. Nebenbei: Ein nachvollziehbares, gleichwohl höchst fragwürdiges Verhalten!

[46] Und das ist, nebenbei bemerkt, ein (weiterer) großer Unterschied zum Risikomanagement: Dort wird für jeweils ein ganz bestimmtes Risiko eine ganz bestimmte Maßnahme ergriffen, z.B. für einen Unfall mit PKW A eine Kaskoversicherung. Die nützt Ihnen aber überhaupt nichts, wenn Sie mit PKW B einen Unfall bauen. Und erst recht nichts, wenn Ihr Lagergebäude brennt. Beim BCM hingegen wirken viele Maßnahmen auch für andere Fälle: Denken Sie bspw. an die Evakuierung eines Geländes aufgrund eines Bombenfunds, eines Amoklaufs oder eines Brands. Da oft die Folgeschäden schlimmer sind als der Primärschaden der eigentlichen Störung, haben Sie entsprechende Evakuierungspläne parat, die Panik usw. vermeiden sollen. Tatsächlich kommt es nun bei einer Fabrik in der Nähe zu einem Austritt giftiger Gase; der Wind steht ungünstig, Sie müssen evakuieren. Obwohl Sie diesen Fall nicht im Kalkül hatten, sind Sie gewappnet und greifen Ihre BC-Pläne unverzüglich und wirksam.

Nun haben Sie schon ein bisschen Krisenambiente geschnuppert. Zur Abrundung schauen wir uns das etwas einfachere Krisenmodell von *Müller* an, in das wir eine Art *Ursache-Wirkungskette* hineinprojiziert haben:

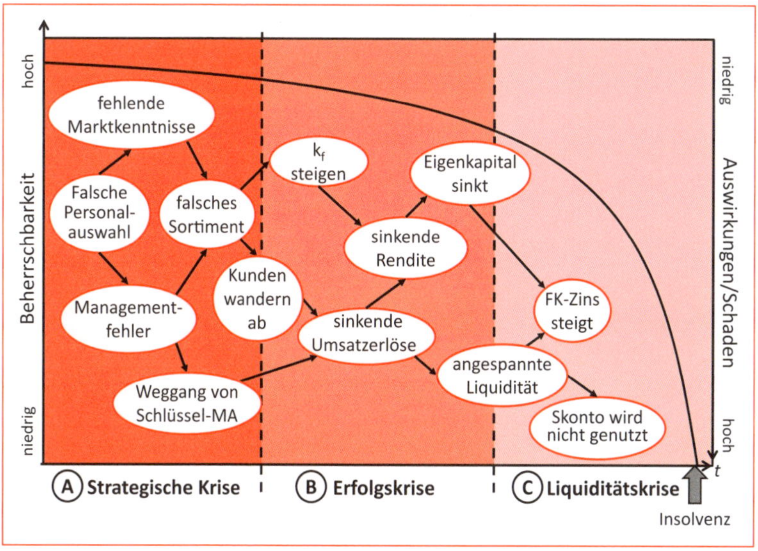

Abb. 9: Von der Strategischen- zur Erfolgs- und Liquiditätskrise

Die 1. Phase ist die **Strategische Krise,** wo erste Weichenstellungen in die falsche Richtung vorgenommen oder Fehlentwicklungen nicht erkannt werden, falsche Prämissen die Basis der Arbeit sind usw. Gleichwohl ist die Beherrschbarkeit der Krise noch sehr hoch, die Schäden noch niedrig, weil wenig spürbar; mit Kennzahlen ist die Krise kaum erkennbar, zumal man kleinere Einbrüche gerne als übliche Schwankungen interpretiert.

In der 2. Phase, der **Erfolgskrise,** wirken sich die Versäumnisse und Fehler der 1. Phase bereits spürbar aus, was sich insbesondere im Wegfall von Kunden und allgemein in Umsatzrückgängen ausdrückt; ebenso sinkt die Auslastung und die Fixkosten pro Stück steigen. In der Summe verschlechtern sich die Wirtschaftlichkeit und damit auch die Gewinne und die Rentabilität. Die Gewinn- und Verlustrechnung (GuV) spiegelt diese Entwicklung wider, daraus gewonnene Kennzahlen verdeutlichen dies.

In der **Liquiditätskrise** als 3. Phase verschlechtern sich nunmehr Bilanzwerte; die angespannte Liquidität zeigt sich insbesondere in den Passiva.[47] Natürlich können weitere Effekte hinzukommen, z.B. Sortimentsausdünnung, weitere Kundenverluste, auf weniger oder billigere Arbeitskräfte zugreifen usw. Ir-

[47] Passiva = Eigen- und Fremdkapital; Fremdkapital sind alle Varianten von Schulden.

gendwann ist es kaum noch möglich, diesen Teufelskreis (aus eigener Kraft) zu verlassen: Dann folgt die **Insolvenz** – manchmal als 4. Phase definiert.

Hierzu ein Beispiel, wie sich Versäumnisse immer mehr zu einer *handfesten Krise* auswachsen:

	Faktoren/Ereignisse	Krisenphase	Schadenspotentiale
1	mangelhafte Managementkenntnisse	Strategische Krise	vielfältige Folgen: Methoden werden nicht angewandt, Krisenbewusstsein kaum vorhanden, kein BCM vorhanden
2	fehlende Marktkenntnisse	Strategische Krise	fehlende Marktkenntnisse können zu einem falschen Produktprogramm führen
3	Abbau von qualifiziertem Personal	Strategische Krise	Kunden fühlen sich schlecht beraten; Kundenzahl und/oder Kundenbons sinken
4	sinkende Umsatzerlöse	Erfolgskrise	fehlende Umsatzerlöse verschlechtern die Gewinnsituation und die Liquidität
5	relativ zu hohe Fixkosten	Erfolgskrise	Verschlechterung der Wirtschaftlichkeit und des Gewinns
6	sinkender Gewinn	Erfolgskrise	belastet die Rentabilität
7	zu niedrige Liquidität	Liquiditätskrise	Nicht-Ausschöpfen von Lieferskonto, langes Kreditorenziel und Zahlungsverzug
8	Zahlungsverzug	Liquiditätskrise	Lieferung gegen Vorkasse bzw. eingeschränktes Sortiment

Abb. 10: Ursache-Wirkungskette einer Krise[48]

Natürlich ist es möglich, die Krise zu meistern: Je früher, desto besser. Im frühen Stadium sind Schäden und Handlungsdruck noch gering, die Handlungsoptionen sind vielfältig, die Kosten der Korrekturen überschaubar. Das Dilemma ist nur, dass die Krise hier noch schwer erkennbar ist, sie liegt kaum in messbarer Form vor; damit braucht es neben einem Krisenbewusstsein eine besondere Sensibilität und ein Instrumentarium mit Früherkennungsqualität.

Ist die fortgeschrittene Krise durch sog. „hard facts“ allgemein erkennbar, pfeifen es sozusagen die Spatzen von den Dächern. Damit verringert sich das Aktionsspektrum, hinzu kommt, dass nun auch Geschäftspartner und die Medien die Schieflage erkennen und zusätzlichen Druck ausüben; das wird irgendwann kaum noch bewältigbar.

Kein Grund zu verzweifeln: Eine Krise entwickelt sich. Erkennt man sie früh genug, kann man sie i.d.R. mit kleinen Korrekturen in den Griff bekommen. Je länger man wartet, desto eher entgleitet sie einem. Ein Problem stellt der

[48] Quelle: Jossé/Ziegelmeyer (2013), S. 83

Punkt der allgemeinen *Wahrnehmbarkeit* dar:[49] Vorher können Krisen antizipativ angegangen werden, danach nur reaktiv und im besten Falle noch bewältigend.

Ein frühzeitiges und regelmäßiges *Scanning* von Unternehmen und Umwelt ist sinnvoll, wenn man Krisen im Frühstadium entdecken will oder ihnen vorbeugen möchte. Ebenso müssen alle Pläne, die z.B. für Notfälle vorliegen müssen, vorausschauend entwickelt werden. Dies gilt gleichermaßen für Großstörungen: Identifizierung und Analyse der relevanten Störungen und Planen von Strategien und Maßnahmen im Rahmen eines BCM sind unbedingt *vor* dem eigentlichen Eintreten von Fall X durchzuführen. In diesem Sinne ist BCM ein vitales Element eines *antizipativen Krisenmanagements.*

Nach diesen Überlegungen zu krisenadäquatem Handeln widmen wir uns nun der Frage, warum Unternehmen und andere Organisationen ein BCM brauchen…

---

[49] Vgl. S. 33. *Igor Ansoff* nennt diesen Punkt „the fact"; für ein proaktives Handeln sind Analysen und Maßnahmen sinnvoll, die davor erfolgen. Sie dienen der Prophylaxe und letztlich der Existenzsicherung des Unternehmens.

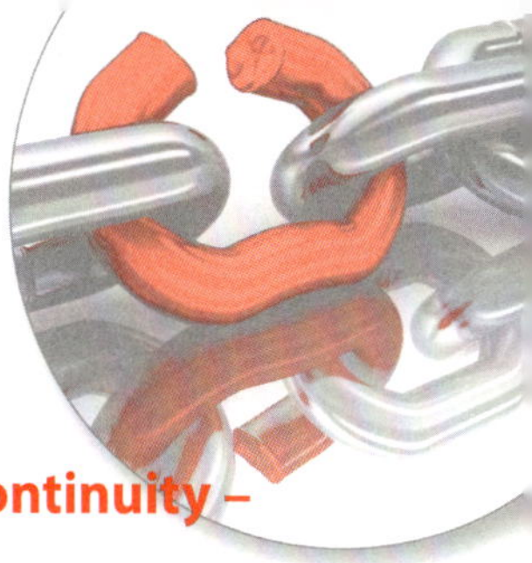

4 Einführung in BCM: Störungen der Continuity – was nun?

Befunde

Kein Unternehmen ist vor Cyberangriffen oder Naturkatastrophen gefeit. Politische Verwerfungen können Geschäfte massiv behindern. Genauso können aber auch interne Versäumnisse Störungen auslösen. Tatsächlich sind viele Störungen hausgemacht (und absolut vermeidbar).

Welche Bedrohung bzw. Störung eine Organisation am meisten fürchtet und was sie objektiv am ehesten treffen kann, mögen zwei paar Stiefel sein – und jedenfalls mögen sich die Einschätzungen im Zeitablauf ändern, gerade auch durch neue Themen auf der Agenda. Dies zeigen die Befunde des „Allianz Risk Barometer“ aus den Jahren 2013 vs. 2019 und 2020 im Vergleich:

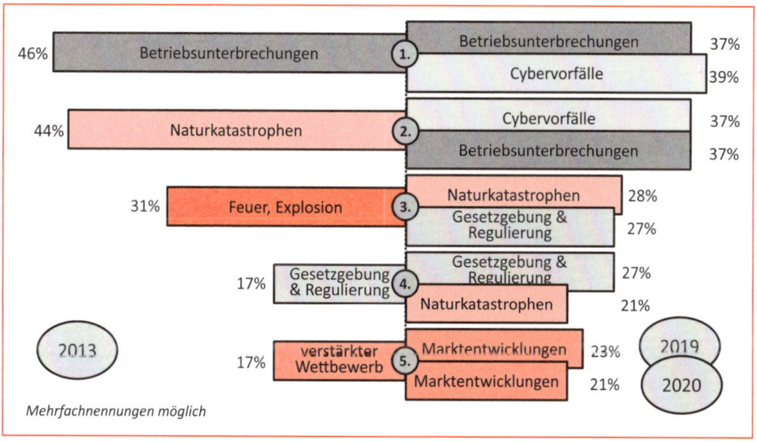

Abb. 11: Top-5 der erwarteten Geschäftsrisiken (weltweit)[50]

Klammern wir Cyberattacken und IT-Ausfälle kurz aus, die eine reale Gefahr darstellen, aber auch als Fokusthema anzusehen sind und in den letzten Jahren eine steile Karriere hingelegt haben: Oft stehen sie heute auf Platz 1 oder 2 der befürchteten Bedrohungen. Davon abgesehen gelten Betriebsunterbrechungen weltweit nach wie vor als die wichtigste Gefahr.

In Deutschland gilt eine Betriebsunterbrechung als Risiko Nr. 1 (und kletterte gar von 48 % im Jahr 2019 auf 55 % im Jahr 2020)! Das gilt auch für andere

[50] Vgl. Allianz Global Corporate & Specialty SE (2013), (2019) und (2020)

Länder, wie z.B. für Polen, Italien, Österreich oder die Niederlande. Für viele *Branchen* ist die Betriebsunterbrechung die größte Bedrohung, so z.B. für Chemie und Pharma, Lebensmittel, Automobil- und Schwerindustrie, Energie, Groß- und Einzelhandel sowie Transport. Ein ähnliches Ergebnis zeigt sich bei der Befragung nach *Unternehmensgröße*: Für die großen *und* die mittelgroßen Unternehmen (ab 250 Millionen $ Umsatz) sind Betriebsunterbrechungen die Gefahr Nr. 1.[51]

Anmerkung: Viele der anderen Bedrohungen (wie z.B. Naturkatastrophen, politische Instabilität, Cyberattacken etc.) führen oft ebenso zu Betriebsstörungen, sind dort aber nicht inkludiert! **Das Gesamtrisiko für eine Betriebsunterbrechung ist daher als deutlich höher anzusehen.**

Allerdings sind solche Einschätzungen nur Annahmen und müssen die tatsächliche Bedrohungslage nicht wiedergeben. Wenige Wochen vor der Corona-Krise galt: Auf Platz 17 und nur von 3 % weltweit befürchtet stehen gesundheitliche Bedrohungen – inkl. Pandemien! Es ist davon auszugehen, dass diese bei der nächsten Befragung ein deutlich höheres Gewicht bekommen.

Argumente für BCM

Die britische Wirtschaft verliert durch Großstörungen aufgrund von nicht vorhandenem BCM pro Jahr über 11 Mrd. Pfund. Durch bestehende Notfallpläne können die Kosten der Wiederbeschaffung, der Wiederingangsetzung und des Ersatzes von Anlagevermögen und Vorräten teilweise um bis zu 90 % gesenkt werden. Sofern Unternehmen ohne effektive BCM-Pläne von einer Großstörung betroffen werden, so die Erfahrung, schaffen es rund 50 % nicht, sich innerhalb der nächsten zwölf Monate wieder zu erholen und verschwinden von der unternehmerischen Landkarte. Weitere Befunde:

Bei einer Studie in Deutschland ergab sich, dass im Jahr 2018 knapp 49 % der Befragten bestehende BC-Pläne aktivieren mussten, 20 % der Befragten verzeichneten gleich mehrere Störungen – so selten sind diese also gar nicht! Betroffen waren vor allem die IT-Infrastruktur und -Sicherheit, der Ausfall von Personal, Gebäuden, externen Dienstleistern oder die Produktion.[52]

Nach einem Desaster…

- eröffnen 25 % der betroffenen Unternehmen nie wieder,
- schließen 80 % der Unternehmen, die es nicht schaffen, binnen eines Monats wieder zu eröffnen, mit großer Wahrscheinlichkeit endgültig, und
- 75 % der Unternehmen ohne BC-Pläne scheitern binnen 3 Jahren.

---

[51] Vgl. Allianz Global Corporate & Specialty SE (2020), S. 4 ff.

[52] BCM Academy (2019), S. 32. Weiterer interessanter Befund: rund 44 % sind mit dem eigenen BCM zufrieden oder sehr zufrieden, das Mittelfeld kommt auf rund 30 %, die weniger oder nicht Zufriedenen auf zusammen knapp 22 %. Hier besteht noch Verbesserungsbedarf! vgl. ebd., S. 20

Umgekehrt bestätigt eine weltweite Befragung des Business Continuity Institute (BCI) den Nutzen von BCM:

- Bei 82 % der Unternehmen wurden durch BCM die Auswirkungen einer Störung gemildert und
- 74 % waren in der Lage, ihre Schlüsselprodukte und -dienste weiterhin auszuliefern.

Und eine Umfrage aus dem Jahr 2019 bestätigt die wachsende Bedeutung von BCM: Knapp 70 % der Praktiker finden BCM sehr bis überaus wichtig, im Jahr zuvor waren es noch 60 % gewesen.

Bezogen auf Datenpannen werden immer wieder ähnliche Zahlen vorgelegt. 2,2 Mio. US-Dollar Verlust – je Stunde! So hoch wurde der Schaden eines App-Stores geschätzt, dessen Dienst bis zu elf Stunden ausfiel. Störungen in der IT können richtig teuer werden; gut, wenn man ein funktionierendes BCM hat…

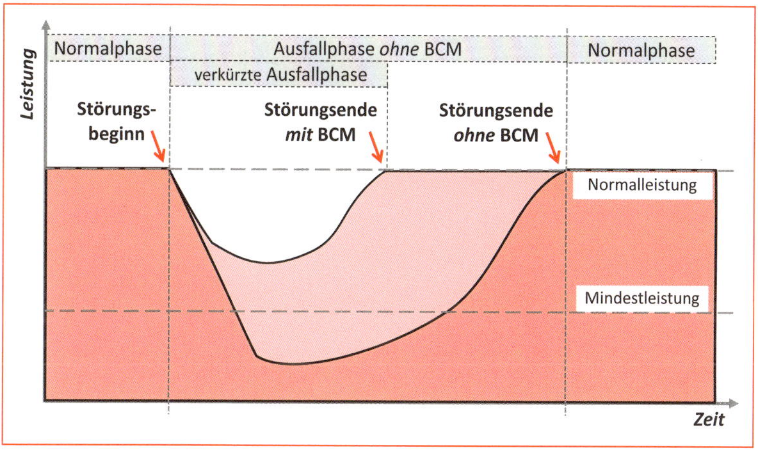

Abb. 12: Schneller wieder zum Normalzustand mit BCM

In den letzten Jahren wurde Toyota von einer ganzen Reihe von Pannen gebeutelt, oft mit teuren Produktrückrufen verbunden. Als Konsequenz wurde das Qualitätsmanagement neu aufgestellt; neu geschaffene, regionale Kompetenzzentren sollten künftig näher am Kunden schneller reagieren. Obwohl das in der Summe mehrere Millionen Fahrzeuge betraf, gab es ein weiteres Thema, wie Toyota schmerzlich erfahren musste:

Japan liegt am pazifischen Feuerring – Erdbeben und Tsunamis stehen dort quasi auf der Tagesordnung. Im März 2011 war es wieder soweit: Aufgrund der Erdbeben mit nachfolgendem Tsunami sowie der Reaktorkatastrophe von Fukushima (klassische Kettenreaktion!) gab es über mehrere Wochen große Produktionsausfälle. Allein im April 2011 sank die Produktion von Toyota weltweit auf rund 50 %, in Japan sogar auf nur 25 %. Zwei Gründe gab es dafür: Zum einen waren zahlreiche Produktionsanlagen beschädigt, zum anderen konnten wesentliche Zulieferer Toyota nicht mehr beliefern: rund 150 verschiedene Autoteile fehlten.

Daraufhin wurde die Supply Chain überarbeitet – weg von einem zwanghaften Kaputtsparen mit Lagerabbau und Skaleneffekten durch Single Sourcing.[53] Die Analyse erkannte 300 der 1500 Lieferantenwerke als riskant, das betraf 1000 verschiedene Teile. Deren Lieferanten wurden verpflichtet, die Teile an mehreren Standorten zu produzieren und/oder Lager anzulegen sowie ihrerseits BC-Pläne zu implementieren. Toyota selbst organisierte sein BCM-System neu, in enger Koordination mit lokalen Behörden, mit dem Ziel, in der Region eine höhere Katastrophenresistenz zu erreichen.

Toyota hat es offensichtlich kapiert: Die Augen vor der Realität zu verschließen ist keine Krisenprophylaxe. Und: Kosteneinsparungen sind *eine* Sache – wenn solche Programme aber im Fall X vielfach höhere Kosten (und entgangene Umsätze) bewirken, dann sind sie fehl am Platz. Nur einseitig Kosten senken vergrößert oft die Risikoposition. Und: Ein solides BCM lässt sich nicht von Kostensenkungsprogrammen verführen, sondern identifiziert ungeschminkt mögliche Großstörungen und entwickelt dafür unvoreingenommen wirksame Maßnahmen – und im Zweifelsfall auch unpopuläre, wie z.B. Städte unter Hausarrest zu stellen (Coronakrise) oder das Einrichten eines alternativen Produktionsstandortes beim ärgsten Konkurrenten (Pharma).

BCM-Lücke in Unternehmen

Das BCM-Barometer 2018/2019 zeigt einige Lücken in deutschen Unternehmen auf: Demnach geben rund zwei Drittel der Befragten an, BCM habe für sie *keine Priorität* und leiste keinen bzw. *zu wenig Wertschöpfungsbeitrag* (rund 69 % bzw. 63 %). Die Hälfte nennt *Kosten* als Grund, kein BCM zu haben, und je 31 % *Ressourcen- bzw. Zeitmangel.* Und das, obwohl gleichzeitig mehr als die Hälfte einen Störfall hatte! Vielleicht sollte man sich die Zeit endlich einmal nehmen?

Tatsächlich gibt es mehrere Gründe, warum BCM trotz offensichtlichem Nutzen in einer Mehrzahl der Unternehmen nicht implementiert ist und ein entsprechendes Bewusstsein oft noch Mangelware ist:

1. **Zu wenig Bewusstsein** für krisenartige Störungen und deren potenzielle destruktive Gewalt – ein vorausschauendes Denken ist insgesamt zu wenig ausgeprägt. Doch Festhalten an überkommenen Denkschemata ist ein schlechter Ratgeber! Und falls doch ein BCM eingerichtet wird, dann ggf. nur als oberflächliche Anwendung und ohne tiefergehendes Verständnis von Nutzern und Verantwortlichen.
2. **Mangelnde Unterstützung** seitens der Unternehmensleitung, mangelhafte Einbeziehung von BCM in andere Disziplinen (z.B. Notfallplanung, IT-

[53] Nichts gegen sinnvolle Einsparungen – aber die Produktions- und Lieferfähigkeit muss gewahrt bleiben, auch im Fall X.

Sicherheit, Strategisches Management) und zu wenig Ressourcen sowie Zeitmangel.

3. **Skepsis**, im Sinne von „BCM taugt nichts, schützt uns nicht". Ein Förderer dieser Haltung sind frühere falsche Prognosen, z.B. das aufgebauschte Jahr-2000-Problem oder auch SARS: Da die angekündigte Ausbreitung der Pandemie glücklicherweise viel geringer ausfiel, führt das leicht zu der Annahme, Behörden und Institute würden übertreiben. Wozu sich also jetzt darauf vorbereiten?
4. **Verharmlosen und sich in Sicherheit wiegen:** Die Sicht, „uns wird das Ereignis nicht treffen" oder dass sich die Störung nicht so drastisch auswirken wird. Grund: Bestehende Versicherungen und Statistiken gaukeln Sicherheit vor bzw. der Störung und ihren Auslösern wird schlichtweg insgesamt eine zu niedrige Wahrscheinlichkeit beigemessen. Mit anderen Worten, das Problem wird idealisiert und verharmlost – ein klassischer Abwehrmechanismus im Sinne der kognitiven Dissonanz.
5. **„Das Tagesgeschäfts geht vor, keine Zeit."** Auf den Abgrund zugehen und einfach weitermachen anstatt innezuhalten, um sein Geschäft auf Schwachstellen abzuklopfen. Das ist fatal, aber leider gängig. Natürlich ist das operative Geschäft leichter greifbar und insgesamt vertrauter; bei strategischen Überlegungen und Krisenvorsorge ist Vorstellungsvermögen gefordert. Das hat nicht jeder. Und sich mit möglichem Negativen zu befassen, klingt nicht sexy. Dann lieber Ausblenden und Verletzbarkeiten ignorieren.
6. **Erfahrungspragmatismus**, nach dem Motto „es bringt nichts, es kostet zu viel, wir sind schon mit ganz anderen Sachen fertig geworden, wir schaffen das."

Zum letztgenannten Aspekt zählt auch, dass oft kein direkter Nutzen gesehen wird. Und in der Tat sind ersparte Schadenskosten – und noch dazu für einen gänzlich unvorstellbaren Fall X! – viel weniger gut zu kommunizieren wie erzielte Erlöse, und seien die Kosten der Störung auch noch so exorbitant hoch.

Desinteresse, Unkenntnis, vermeintlich zu hohe Kosten für BCM oder zu geringer Vorteil sowie zu wenig Erfahrung im Umgang mit Störungen bzw. der Implementierung von BCM sind wesentliche Verhinderungsgründe. Gleiches gilt für die Annahme, dass es reiche, sich Großstörungen erst dann zu widmen, wenn sie bereits aktiv entstanden sind. Doch das funktioniert nicht. Jedenfalls ist wertvolle Zeit verschenkt. Getreu dem Motto „Zeitablauf vernichtet Handlungsmöglichkeiten" fehlt zum einen wertvolle Zeit, die benötigt wird, um Maßnahmen zu entwickeln; zum anderen ist die Auswirkung bis dato stärker angewachsen. (vgl. Abb. 6, S. 24)

Nicht weniger fatal ist die trügerische Sicherheit, wenn Pläne halbherzig entwickelt werden, aber mittlerweile längst veraltet sind, weil das Personal gewechselt hat, ungeübt ist oder z.B. Ersatzoptionen nicht mehr funktionieren.

Und schließlich ein fatales Dilemma, das so genannte *Verletzlichkeitsparadoxon*: Gerade, weil Vorsorge betrieben wird und die Anzahl und Wahrscheinlichkeit eines Störfalls sinken, ist man weniger darauf vorbereitet (und auch ungeübt im Umgang mit den schädlichen Folgen): Die Folgen eines **„Dennoch-Störfalls"** sind daher überproportional hoch.

Hintergrund

Die Idee hinter BCM ist uralt: Je komplexer und größer die Vorhaben, desto dramatischer sind die Folgen von Unterbrechungen. Ob beim Pyramidenbau oder einem Feldzug in der Antike oder einem global agierenden Unternehmen heute: Nachschublücken, politische Aufstände oder Seuchen waren und sind Störungen (oder deren Auslöser), die das ganze Unternehmen scheitern lassen können.

Schon früh[54] erkannte man beim *Militär*, dass eine strategische Voraussicht und die Kontinuität unter Gefechtsbedingungen (Waffen, Verpflegung, Menschen, Sold, Finanzen usw.) für den Erfolg ausschlaggebend sind. Was nützt die Eroberung einer Stelle, wenn dann der Nachschub abreißt? Oder wenn ein reiner Unterstützungsprozess wie Versorgung mit warmer Kleidung ausfällt? Nicht nur Napoleon hat das in seinem Russlandfeldzug erfahren… Auch die berühmte Varusschlacht im Teutoburger Wald könnte man als (geländebedingte) Störung sehen, in der die römischen Truppen nicht in der üblichen Schlachtordnung marschieren und sich formieren konnten; damit konnten sie ihre Stärke nicht ausspielen, gleichzeitig aber boten sie dem germanischen Gegner eine lange, verletzbare Flanke.

Nach Ansätzen bei *Großprojekten* und im *Zivil- und Katastrophenschutz* war es in jüngerer Zeit zunächst die *IT*, die per BCM abgesichert werden sollte. Ereignisse wie der weltweite Börsencrash von 1987, das Y2K-Problem und die Anschläge auf das World Trade Center am 11. September 2001 förderten eine intensivere Absicherung gegenüber (IT-)Störungen. In der Folge wurde der Ansatz auf *Unternehmen* insgesamt und all ihre Funktionen ausgeweitet, schließlich auch auf Kommunen und andere *Gebietskörperschaften* oder sogar ganze *Regionen* (z.B. touristische Destinationen).[55]

Das *Notfallmanagement* war ebenfalls eine Keimzelle des BCM; während bei Ersteren meist operative Schadensereignisse vor allem Anlagen bedrohen, geht es beim BCM vorrangig um die Aufrechterhaltung der Geschäftsprozesse – mithin ein anderer und deutlich weiterer Blickwinkel.

---

[54] Allen voran der chinesische Militärtheoretiker Sun Tzu (ca. 500 v.Chr.), bei uns vor allem Clausewitz. Sicherlich sind solche Erkenntnisse aber zigtausend Jahre älter.

[55] In Großbritannien bspw. existiert seit 2004 der sog. Civil Contingencies Act (CCA), der eine Art BCM für Großstädte und Grafschaften vorsieht: deren Verletzbarkeiten durch Störungen und ihre Folgewirkungen sollen vorausschauend erkannt und gehandhabt werden. Die UNO fährt schon seit 1999 ein Programm namens UNDRR (UN Office for Disaster Risk Reduction; bis 2019: UNISDR), das z.B. Störungen aufgrund von Migration (ausgelöst durch z.B. Klimawandel, Dürre, Erdbeben, Tsunamis oder Krieg) handhaben und insgesamt die Widerstandskraft von Nationen und Gemeinwesen gegenüber solchen Katastrophen und deren Folgen stärken soll. Vgl. hierzu UNDRR (2019). Ein vom UNDRR unterstütztes Programm „Making Cities Resilient" promotet den BCM-Gedanken für Städte; vgl. Wagner (2020), S. 8 ff.

Die *BWL* steuerte grundlegend den strategischen Kontext bei, außerdem Ansätze wie Kontingenz- bzw. Alternativplanung, zahlreiche Analyseinstrumente und Erkenntnisse aus dem Risikomanagement. Tatsächlich gab das *Risikomanagement* wichtige Anstöße für das BCM (auch aufgrund gesetzlicher Vorgaben wie dem KonTraG);[56] mittlerweile aber hat sich das BCM emanzipiert und grenzt sich vom Risikomanagement deutlich ab.

Der wesentliche Treiber für eine Weiterentwicklung und Verbreitung von BCM ist das in London ansässige *Business Continuity Institute (BCI)* mit Mitgliedern aus der ganzen Welt.[57] In Deutschland sind u.a. zwei Bundesämter involviert: Das Bundesamt für Sicherheit in der Informationstechnik (BSI) und das Bundesamt für Bevölkerungsschutz und Katastrophenhilfe (BKK).

Normen und Standards

Von den zahlreichen Normen und Standards seien die wichtigsten kurz genannt: Seit 2012 existiert für BCM die weltweit anerkannte Norm ISO 22301. Davor waren vor allem die beiden britischen Standards BS 25999-1 und -2 eine hervorragende Hilfe. Gleiches gilt für die Good Practice Guidelines (vom BCI), die auch auf Deutsch erschienen sind und regelmäßig neu aufgelegt werden. Alle diese Regelwerke bzw. Hilfestellungen können Sie zu Rate ziehen, wenn Sie Ihr eigenes BCM entwickeln.

Doch beachten Sie bitte: Die verschiedenen Standards verleiten ggf. dazu, dass Analysen, Templates und BC-Pläne nach Schema F abgearbeitet werden, aber kein Bewusstseinsprozess stattfindet. BCM ist aber kein starres Korsett, sondern eher ein Rahmenkonzept, in das sich unterschiedliche Bausteine der Absicherung gegen das Unbekannte und drastisch Schädigende einbauen lassen. Sofern nicht ein Geschäftspartner anderes fordert, ist es daher ratsam, dass jedes Unternehmen unter Einbindung seiner Mitarbeiter seine eigenen Assessments durchführt und seine eigenen BC-Pläne entwickelt. Wie das grundsätzlich geht, lesen Sie in Kap. 5.[58]

Wer braucht BCM?

Die Antwort ist einfach: Grundsätzlich jede Institution, die sich Störungen mit gewaltigem Schadenspotenzial ausgesetzt sieht, also nicht nur große Konzerne, sondern gerade auch der Mittelstand. Wenn nachfolgend vor al-

---

[56] Das Gesetz zur Kontrolle und Transparenz im Unternehmensbereich verpflichtet kapitalmarktorientierte Gesellschaften zu einem Risikomanagementsystem; eine Verpflichtung für ein BCM ergibt sich nicht explizit, aber implizit schon.

[57] Schauen Sie mal rein auf www.thebci.org

[58] Eine Ausführliche Darstellung mit dem kompletten BC-Prozess, Methodenanwendungen, zahlreichen Praxisbeispielen und einem Glossar erwartet Sie in Jossé: Business Continuity Management (BCM), Störungen im Unternehmen vorausschauend managen, Verlag Vahlen, München 2021 (ISBN 978-3-8006-6293-7).

lem Unternehmen fokussiert werden, so sollten auch Städte (Dresden bei Elbehochwasser; Duisburg bei der Loveparade), touristische Destinationen (Galtür beim Lawinenunglück; Ischgl bei Pandemie) oder ganze Regionen und Staaten[59] (bei Unruhen, Tsunamis oder Pandemien) vorausschauend BCM betreiben und Maßnahmen zur Immunisierung betreiben.

Bei Unternehmen sind es mehr Aspekte wie Abbau von Redundanzen, globale Lieferbeziehungen, große Abhängigkeiten aufgrund komplexer Prozesse, lagerlose Produktion oder strategisch relevante Marktveränderungen, die ein *BCM unumgänglich* machen: **„Eine Kette ist so stark wie ihr schwächstes Glied."** Das allein sollte schon zum Nachdenken anregen! Betrachtet man die oft extrem vulnerablen Prozesse, noch dazu ohne Ersatzoptionen, dann gleicht das einem Herausfordern des Schicksals. Solche Unternehmen brauchen dringend ein BCM.

Definition BCM

Die Kernaufgabe von BCM ist, die **Fortführung der Geschäftstätigkeit** und den wirtschaftlichen Erfolg von Unternehmen sicherzustellen trotz angespannter Situation. Damit soll BCM die Wertschöpfung stabilisieren und so die Unternehmensinteressen schützen, wie z.B. Prozesse, Marke und Reputation.

Zu diesem Zweck identifiziert und analysiert BCM existenzbedrohende Störungen und entwickelt grundsätzliche Abwehr- und Bewältigungsstrategien sowie konkrete Maßnahmen.

Ziel von BCM

Gegenstand von BCM sind Störungen (vgl. Abb. 13, S. 41), und zwar jene **Beeinträchtigungen oder Unterbrechungen**,[60] die nicht mit den gegebenen Mitteln im Rahmen der *operativen Routine* bewältigt werden können.[61] Solche

---

[59] Weil nicht nur Unternehmen angesprochen werden, ist der deutsche Begriff des *„Betrieblichen Kontinuitätsmanagements (BKM)"* mittlerweile als zu eng gefasst anzusehen und die englische Bezeichnung „Business Continuity" vorzuziehen; „business" wird dort in weiterem Sinn verstanden.

[60] Ein einfaches Bild erklärt den Unterschied: Bei Straßenbauarbeiten können Sie beide Fahrspuren sperren (Unterbrechung bzw. Ausfall) oder nur eine Fahrspur, während die andere geöffnet bleibt (Beeinträchtigung); wahrscheinlich dauern die Bauarbeiten im 2. Fall etwas länger und sind aufwendiger. Weitere Option wäre z.B. eine zeitweise Sperrung (z.B. nachts).

[61] Beispiele: Eine defekte Maschine kann binnen zwei Stunden vom eigenen Team im Werk repariert werden → Routine. Ein kurzfristiger Stromausfall → Routine, also kein Fall für BCM. Falls allerdings durch die kleine Ursache eine Kettenreaktion in Gang gesetzt werden kann, sieht es anders aus: Es kommt im Werk zu einer Überlast (Ursache: Stromnetz von außen) und Überhitzung, daraufhin entzündet sich ein biologisches Schmiermittel, es kommt zu einem Brand: Maschinen und Teile werden beschädigt bzw. zerstört, es kann wochenlang nicht produziert werden, Kunden

Großstörungen haben dazu eine immense destruktive Kraft, die sich bis zur Vernichtung einer Unternehmung auswachsen kann.

Es ist zu beachten, dass nicht die Störung als solche (oder ihre Ursache) groß sein muss: *Im Fokus von BCM sind vielmehr all jene Störungen, deren* ***Auswirkungen*** *fatal für das Unternehmen bzw. die betrachtete Organisation sein können – und zwar unabhängig von Wahrscheinlichkeiten!*[62]

Auch betrachtet BCM zunächst nicht die Ursachen von Störungen: Es ist vorerst unerheblich, ob ein Brand, ein Erdbeben oder ein Streik beim Lieferer einen Ausfall hervorruft – Fakt ist, dass das Unternehmen keine Rohstoffe erhält und damit teilweise oder ganz seine Funktionsfähigkeit verliert.

Kurz gesagt: **Ziel von BCM ist die Aufrechterhaltung der betrieblichen (kommunalen usw.) Kontinuität und der Leistungsfähigkeit im Fall von Großstörungen.** Erreicht wird dies durch diese Optionen (in Rangfolge):

- schnelle Wiederherstellung
- geringe Beeinträchtigung
- kaum spürbare Auswirkungen
- Verhindern der Störung (= Sichern der vollen Funktionsfähigkeit)

Das erstgenannte Ziel ist das Mindestziel von BCM, das letztgenannte wäre ein wünschenswertes Optimum, das in einigen Fällen durchaus erreicht werden kann.

BCM will aktiv Krisen vorbeugen. Damit gewinnt das Unternehmen seine volle Handlungshoheit (die sonst in der akuten Störung deutlich eingeschränkt ist).

BCM sichert die Kontinuität der Geschäftsprozesse: Im Störfall kommt es nur zu einer geringen Einschränkung bzw. kurzen Unterbrechung, im Idealfall wird der Auslöser ganz abgepuffert und die Störung ist nicht wahrnehmbar. Das glauben Sie nicht?

Nun, da gibt es dieses ausgezeichnete Restaurant, das mit einem Michelin-Stern bedacht ist. Der Chefkoch fällt krankheitsbedingt längere Zeit aus, die Störung ist da: Ausfall einer Schlüsselperson! Gut, den Stern verliert man nicht sofort, aber die Gäste kommen schließlich auch, um von „ihrem" Starkoch verwöhnt zu werden…

Woran der Koch erkrankt ist? Da sind viele Ursachen denkbar; evtl. wäre die eine oder andere vermeidbar gewesen, aber ad hoc ist das eher irrelevant. Die

---

stornieren Aufträge usw. Der Schaden dieses realen Falles war zwar verkraftbar, aber dennoch hoch. Danach wurde auf synthetische Schmiermittel umgestellt, die sich weniger leicht entzünden. Aufgrund der vielfältigen Auswirkungen → ein Fall für BCM.

[62] Erinnern Sie sich an den Fall Ericsson: Eine klitzekleine Ursache (der Brand war binnen zehn Minuten gelöscht), dazu noch nicht einmal bei Ericsson selbst, sondern bei einem der vielen Zulieferer. Kleinste Ursache, größte Wirkung! Und für einen solchen Fall (oder gar dessen Auswirkungen) Wahrscheinlichkeiten anzugeben, klingt für mich nach Kaffeesatzleserei. Apropos „Fall Ericsson": Haben Sie's gemerkt? Das Wortspiel musste sein…

Maßnahmen zur Sicherung der Kontinuität müssen woanders ansetzen, nämlich zunächst an der Störung selbst: So kann bspw. die Küchenmannschaft dieselben Gerichte kochen, so dass trotz der Störung die Gäste die Absenz nicht merken – zumindest geschmacklich nicht. Aus der Not eine Tugend machen, wäre auch ein Ansatz: Die anderen Köche nutzen der Freiraum und offerieren eine besondere Wochenkarte mit ihren Favoriten – und die Gäste finden die Abwechslung erfrischend. Auch Maßnahmen bezogen auf die Auswirkungen sind möglich, etwa eine offensive Kommunikation der Situation, eine Einladung zu einem Event mit dem (dann genesenen) Chefkoch usw.

Typische Störungen

- Produkterpressung
- Ausfall von Schlüsselpersonen
- Lieferantenausfall[63]
- Medikament muss wg. Todesfällen vom Markt genommen werden
- Outsourcing von Produktion oder interner Dienstleistungen
- innerbetrieblicher Prozessumbau klappt nicht reibungslos
- veraltete Produkte
- ineffiziente F+E
- schwelende interne Konflikte[64]
- sich verschlechterndes Image
- Zerstörung wesentlicher Anlagen
- Verlust von Daten
- Baustelle vorm Ladengeschäft
- Angriffe durch 'pressure groups'
- fehlende Nachfolgeregelung im Familienunternehmen
- Fehlbesetzung der Führungsebene
- Abwanderung von Hauptkunden
- Streik (bei uns oder beim wichtigen Lieferanten)
- Personalausfall
- Verkehrsweg fällt weg (und kann nicht kompensiert werden)[65]
- Ausfall von Geschäftspartnern und Dienstleistern

[63] Befragungsergebnis: Supply-Chain-Risiken bewirken in 50 % der Fälle direkt einen Verlust der Produktivität, darüber hinaus werden zahlreiche andere Folgeschäden genannt – ebenso für die Auslöser der Störung; vgl. BCI/Zurich Re: Supply Chain Resilience Report 2019; S. 24 ff.

[64] Ungelöste Konflikte – egal welcher Art – können zu einer veritablen Störung bzw. Krise anwachsen.

[65] Aufgrund des trockenen Sommers 2018 kam es im Spätjahr zu extrem niedrigen Wasserständen auf dem Rhein. Wochenlang konnte die BASF deshalb zahlreiche Güter nicht auf dem Wasserweg transportieren – und immerhin werden rund 40 % der Güter per Schiff bewegt (LKW sind dazu keine praktikable Alternative). Betroffen waren die Materialien, u.a. Schaumstoffe, die in der eigenen TDI-Anlage hergestellt werden; die Folge war ein Gewinneinbruch von über 50 % im letzten Quartal und knapp 23 % aufs ganze Jahr gerechnet.

- Ausfall von Hard- und Software
- flächendeckende Rückrufaktion
- anhaltender Stromausfall (Strommangellage)
- Hochwasser bedroht das Gelände
- Pandemie
- Naturkatastrophen

Die drei zuletzt genannten Beispiele sind strenggenommen keine Störungen, sondern mögliche Ursachen davon. Generell sind die Ursachen der Störungen teils *hausgemacht*, teils werden sie durch *externe Ereignisse* wie Naturkatastrophen oder feindliche Akte ausgelöst – in jedem Fall aber in ihrem Schadensausmaß verstärkt, wenn durch Managementversäumnisse keine vorbeugenden Maßnahmen eingeleitet bzw. Systeme eingerichtet wurden.

Häufig werden im BCM nur *unerwartete* Störereignisse betrachtet. Dem folgen wir aus drei Gründen nicht:

1. Es ist *sehr subjektiv* und vom eigenen Risikobewusstsein abhängig, ob ein Ereignis als unerwartet bzw. unvorhersehbar eingestuft wird oder ob nicht. Im einen Fall wäre es Gegenstand von BCM und im anderen Fall nicht? Wohl kaum. Derart subjektive Kriterien taugen kaum für eine nüchterne Betrachtung von Großschadensereignissen.
2. Es gibt natürlich eine ganze Reihe erwarteter, ja sogar *geplanter Großstörungen* – denken Sie z.B. an den Umbau eines Kaufhauses, die geplante Evakuierung eines Krankenhauses, das Herunterfahren eines Atommeilers, der Abriss einer Brücke auf der Zufahrtstraße u.a.m. Natürlich bewirken solche Vorhaben teils tiefgreifende und ggf. langanhaltende Störungen – egal, wer sie initiiert: Der U-Bahnbau in Karlsruhe war lange bekannt. Unternehmer und erst recht Existenzgründer in den betroffenen Straßen und Vierteln stellte er vor existenzielle Herausforderungen. Kein Anlass für BCM? Doch! Natürlich müssen auch hier Auswirkungen erfasst und bewertet werden, um anschließend geeignete Strategien zu fahren und Maßnahmen einzuleiten, die die Auswirkungen abfedern und zumindest das Überleben sichern, z.B. durch Anmieten von Räumlichkeiten ohne Baubeeinträchtigung.[66]
3. Die GPG empfehlen sogar explizit, Instrumente des BCM vorausschauend zu nutzen, z.B. eine *BIA bei der Erschließung neuer Geschäftsfelder,*

[66] Ähnlich verhält es sich mit dem Begriff des **Restrisikos**, der immer wieder als Gegenstand von BCM angesehen wird. Das ist nicht haltbar, weil es wiederum subjektiv ist, welche Risiken wie eingeschätzt und wie (oder eben nicht) abgesichert werden. Außerdem gaukelt diese Sicht vor, dass die getroffenen Risikomaßnahmen (Verhindern, Vermindern, Transferieren; und für den „vernachlässigbaren" Rest: nichts tun) eine fast 100 %ige Sicherheit bieten und für die entsprechenden Risiken jegliche Störungen ausgeschlossen sind – was nicht sein kann (bzw. höchstens für manche operativen Risiken nachvollziehbar ist). Umgekehrt kümmert sich BCM nicht um kleinere, selbst zu tragende operative Risiken. Darüber hinaus ist "Restrisiko" viel zu diffus und umfasst z.B. „bekannt Unbekanntes", aber auch „unbekannt Unbekanntes". Zu Letzterem zählt der sog. „schwarze Schwan"; vgl. S. 21.

bei größeren Prozess- und Organisationsänderungen, Umstrukturierung usw. Und das ist sinnvoll! Ähnlich wie bei Großprojekten eine Sensitivitätsanalyse durchgeführt wird (oder werden sollte), sollten vor großen unternehmerischen Entscheidungen mögliche Auswirkungen und daher zu ergreifende Anpassungen und Maßnahmen im Vorfeld durchgespielt werden. Eine BIA hilft, Unwägbarkeiten zu erkennen und möglichst zu eliminieren.[67]

Schauen wir uns Störungen einmal genauer an:

(übliche) Störung	• z.B. reparabler Maschinendefekt; im Rahmen der operativen Routine handhabbar
Großstörung	• z.B. Riss der Lieferkette mit dramatischer Auswirkung; nur durch BCM handhabbar
strategisch	• z.B. Imageverlust; verfehlte F+E
operativ	• z.B. Maschine defekt; Stromausfall
intern induziert	• z.B. Sabotage durch Mitarbeiter; Fehlbesetzungen
extern induziert	• z.B. Produkterpressung; Erdbeben
überraschend	• z.B. Vulkanausbruch
absehbar	• z.B. Großbaustelle vorm Ladengeschäft
plötzlich	• z.B. Tod von Schlüsselpersonen
sich entwickelnd	• z.B. Rohölpreisentwicklung
destruktiver Grund	• z.B. Verleumdung; Plagiate
konstruktiver Grund	• z.B. Abschaltung zur Wartung; Modernisierungsumbau
rein negativer Ausgang	• z.B. entgangene Erlöse; Mehrkosten; Untergang des Unternehmens
ambivalenter Ausgang	• z.B. durch Lernen aus der Krise; verbesserte Infrastruktur
materiell	• z.B. beschädigte Produkte; abgebrannte Halle
immateriell	• z.B. fehlendes Know-how; gestörtes Image; Konflikte zwischen Mitarbeitern; zu lange Entwicklungszeiten

Abb. 13: Arten von Störungen

[67] Einmal mehr sei der Verweis zu Stuttgart 21 erlaubt: Dass sich im Laufe der Tunnelbohrungen Probleme und (erneute) Verzögerungen ergaben, ist ein Unding. Wieso wurde das vorher nicht untersucht? Und dass sich mittlerweile die geplanten Baukosten mehr als verdoppelt haben – war das nicht abzusehen? Ich denke: doch. Anderer Fall, aber ähnlich unvollständig geplant: Der Offshore-Windpark in der Nordsee. Erst wird er gebaut (für teures Geld), dann wird nachgeschoben, dass man nun auch eine Stromtrasse quer durch Deutschland brauche. Interessant! Oder besser: Kopfschütteln hervorrufend: Wenn eine Trasse tatsächlich nötig ist, muss sie bei der Planung des Windparks *im Verbund* betrachtet werden. Sie vorher außen vor zu lassen, ist unlauter. Aber natürlich hätte es ja sein können, dass das Projekt sonst nicht genehmigt worden wäre, hätte man gleich die *gesamten* Kosten genannt. Im Mai 2020 wurden weitere Nordsee-Windparks beschlossen; ob dieses Mal Stromtrassen in das Budget einflossen?

Im Gegensatz zum Risikomanagement gilt bei einer Störung nicht das Kalkül aus *Schadensausmaß mal Wahrscheinlichkeit*,[68] sondern **beim BCM** stehen die **Dimensionen *Ausmaß mal Dauer*** im Vordergrund. Die Wahrscheinlichkeit bleibt zunächst außen vor: Sobald eine Störung mit desaströsem Ausgang identifiziert ist und deren Wahrscheinlichkeit auch nur minimal größer als Null ist (also besteht!), muss sie aktiv angegangen, also weiterhin untersucht, bewertet und durch geeignete Maßnahmen abgefedert werden:

Die Wahrscheinlichkeit, dass ein Flugzeug auf einen Atomreaktor stürzt, wird als verschwindend gering angesehen. Trotz eines enormen Schadens würde das Produkt aus beiden Faktoren immer noch relativ niedrig sein – trotzdem müssen hier Pläne für den Fall des Falles und zur Gefahrendreduzierung entwickelt werden, wie es BCM auch für andere Großstörungen vornimmt.

Objekt von BCM

BCM dient dem Schutz geschäftskritischer Prozesse. Das stimmt, kann und sollte aber ergänzt werden. Demnach untersucht BCM:

- **Prozesse** (geschäftskritische): eine fatale Störung kann nicht nur nicht nur *Hauptprozesse* betreffen (z.B. Beschaffung, Produktion, Absatz), sondern auch *Unterstützungsprozesse* (z.B. Unternehmensführung, F+E, Logistik, IT)
- **Potentiale** (z.B. Rohstoffsicherung, Marktzugang, Anlagevermögen, Image, Produktentwicklungen)
- (Schlüssel-)**Personen** (z.B. Vorstand, Entwickler)
- **Produkte**/Programme (z.B. umsatzstarke)
- **Partner** (z.B. Lieferanten, Vorlieferanten, Kunden, Kreditgeber)
- **Systeme** und Strukturen (z.B. Hardware, Vertrauensbeziehungen)[69]

Tatsächlich sind mit einem Wegfall von essenzieller Infrastruktur, von Schlüsselpersonen oder von Lieferanten letztlich immer Prozesse bedroht oder direkt unterbrochen. Trotzdem hilft es, mögliche Störungen auch an wegfallenden oder gefährdeten Produkten, Potentialen, Personen usw. festzumachen, um relevante Störungen nicht zu übersehen.

In jedem Fall gilt es, die o.a. Objekte zu identifizieren und – bei zuerkanntem Großschaden – sie durch geeignete Kontinuitätsstrategien abzusichern, z.B. im Sinne von Kompensation durch Ersatzprodukte, Ersatzpersonen, Ersatzpotentiale, Ersatzprozesse oder Ersatzpartner. Wie das funktioniert, lesen Sie ab S. 77.

[68] Im Übrigen ist die zweidimensionale Sicht im Risikokalkül nicht ohne Kritik; weitere Kriterien werden ausgeblendet, wie z.B.: Ansteckungskraft, Dringlichkeit, Wiederholfrequenz, Ressourcenbindung der Maßnahmen, Relevanz fürs Geschäft usw.
[69] Vgl. ausführlich S. 67 f.

Stoßrichtungen

Einerseits sollen **Störpotentiale und Schwachstellen aufgedeckt** und **konkrete Abwehrmaßnahmen entwickelt** (z.B. Rohstoffsicherung durch Zweitlieferanten) und Infrastrukturen bzw. allgemein: Lösungen für angespannte Situationen (z.B. alternativer Produktionsstandort; Krisenstab) geschaffen werden, wodurch sich das Unternehmen **proaktiv auf Großstörungen vorbereitet**.

BCM hilft **auch gegen unbekannte Störungen**: BCM stellt nicht nur konkrete Maßnahmen für einen bestimmten Fall X bereit, sondern sogar für vorher unbekannte oder nicht beachtete Fälle – und sei es nur, um Folgewirkungen und gefährliche Kettenreaktionen einzudämmen. Ein gesteigertes BC-Bewusstsein unterstützt dabei.

Andererseits soll ein **Bewusstsein geschaffen** werden für auch scheinbar unwahrscheinliche Störungen mit hoher destruktiver Kraft; flankiert von entsprechender BC-Kultur soll so ein **antizipatives Denken** verankert werden, das stets die Folgen eigenen Handelns sowie externer Veränderungen berücksichtigt. Gleichzeitig erfolgt ein **Stabilisieren** von Prozessen, Beziehungen und Ressourcen, was insgesamt die **Resilienz** erhöht. Denn widerstandsfähige Unternehmen sind weniger anfällig und können Störungen und deren Auswirkungen deutlich mindern oder sogar ganz abfedern. Damit dient BCM auch der **aktiven Krisenvorsorge**.

Abb. 14 zeigt das **Badewannenmodell nach *Jossé*.** In seiner Grundversion[70] zeigt es die verschiedenen Phasen des Störungsverlaufs, mögliche Restriktionen (z.B. Mindestleistung) und den Ausfall als Fläche, die i.d.R. den Primärschaden darstellt. Außerdem können ergänzend Maßnahmen dargestellt werden.[71]

---

[70] Gerade in den Phasen II und IV sind andere Verläufe denkbar, z.B. S-förmig, stufenweise, degressiv, progressiv usw. Bei einem plötzlichen Systemzusammenbruch geht die Kurve ziemlich senkrecht nach unten.

[71] Auf eine Ergänzung durch eher technische Größen wie z.B. max. tolerierbare Ausfallzeit wird (hier) bewusst verzichtet, weil eine solche z.B. für eine Imageverschlechterung oder andere strategische Störungen kaum definierbar ist.

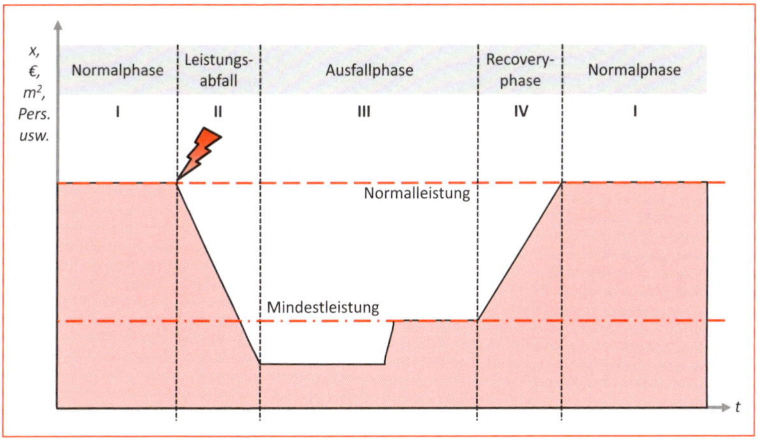

Abb. 14: Badewannenmodell einer Störung

In der **Normalphase** arbeitet das Unternehmen (bzw. die betrachtete Organisation) mit Normalleistung. Durch die Störung findet in Phase 2 ein **Leistungsabfall** ab, der partiell oder total sein kann. Der Verlauf kann z.B. linear, s-förmig oder in Stufen sein. Die **Ausfallphase** kennzeichnet den Betrieb mit verminderter Leistung, wobei die *Mindestleistung*[72] nicht unterschritten werden sollte; ggf. kann ein *Notbetrieb* gefahren werden.[73] In Phase 4, der **Recoveryphase**, kommt es nach dem Wiederanlauf zu einem Leistungsanstieg; idealerweise wird das alte Leistungsniveau aus Phase 1 wieder erreicht oder (z.B. durch Prozessverbesserung) sogar überschritten.

---

[72] Die Mindestleistung kann u.a. durch Lieferverträge (garantierte Mindestmengen), aber auch durch technische Restriktionen oder eine zu erzielende Mindestrendite definiert sein; sie bezieht sich – wie die y-Achse generell – auf z.B. Tage oder Schichten, also z.B. Kapazität je Tag, Stücke je Schicht, Stromverbrauch je Stunde usw.

[73] Interessantes Gedankenspiel ist der Strombedarf im Krankenhaus, wenn das öffentliche Netz ausfällt. Was muss auf alle Fälle vollumfänglich aufrecht erhalten bleiben, welche Geräte müssen unbedingt weiterlaufen, was kann ggf. abgestellt werden, welche OPs können verschoben werden, wie hoch ist der Mindeststrombedarf? Tatsächlich verfügen Krankenhäuser teils über zwei voneinander unabhängige Anschlüsse ans örtliche Stromnetz, dazu eine Stromreserve, bestehend aus großen Akkus *plus* Diesel-Notstromaggregaten.

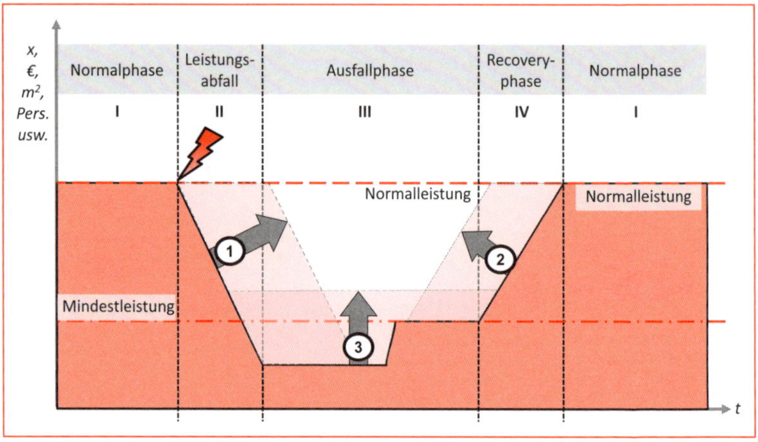

Abb. 15: Stoßrichtungen zur Störungsverringerung

Grundsätzlich ist ein Ausfall als Fläche darstellbar; diese gilt es zu verringern. Dafür stehen **drei Basisoptionen zur Kompensation** (kombiniert) zur Wahl: (vgl. Abb. 15)

1. **Ausfall verzögern,** z.B.
   - Lagerhaltung erhöhen (Puffer anlegen)
   - Rohstoffe durch Verträge sichern
   - mit Multi-Sourcing das Lieferantenausfallrisiko streuen/verringern
   - Transportalternativen bereitstellen
   - allgemein: Widerstandskraft erhöhen

   Möglicherweise kann der Ausfall ganz vermieden werden, z.B. dadurch, dass Rezepturen weiterhin verfügbar sind (Datenbank; 2. Person), obwohl der bisherige, alleinige „Geheimnisträger“ ausfällt.[74]
2. **Früherer Wiederanlauf,** z.B.:
   - schnelle Beschaffung von Ersatzkapazitäten und -materialien
   - erprobte BC- und Krisenpläne einsetzen
   - Aufräumarbeiten beschleunigen
   - Folgeschäden vermeiden
   - verlorene Kundengruppen und Neukunden durch überzeugende Kommunikation (zurück)gewinnen
   - allgemein: solide BC-Pläne aktivieren und schneller den Wiederanlauf einleiten sowie Folgewirkungen minimieren und Aufräumarbeiten zügig vorantreiben
3. **Ausfall minimieren,** z.B.:
   - Kunden auf verfügbare Produkte umlenken
   - Notbetriebsinfrastruktur nutzen

[74] Die Störung „Ausfall einer Schlüsselperson“ kann zwar nicht verhindert werden, aber die Störung „Rezept steht nicht zur Verfügung“ (und in der Folge: „Produkt kann nicht produziert werden“) wird so *komplett* vermieden!

- Kunden durch vertrauensbildende Kommunikationspolitik halten
- Überstunden abbauen
- verstärkt andere Vertriebskanäle nutzen
- Flexibilisierung der Arbeitszeiten, der Bauteile usw. (und so insgesamt wieder mehr produzieren)
- bei gedrosselter Produktion Kosten reduzieren, sodass die Marge weniger leidet
- auf Home-Office umleiten
- Personalverlust durch Reaktivierung von Ruheständlern (teilweise) ausgleichen

In der Summe ergeben sich **zahlreiche Ansatzpunkte,** die *Störung an sich, ihre Auswirkungen,* aber auch *ihr Entstehen zu minimieren.* BCM ist ein analytisches Vorgehen.[75] Es ermittelt in einem klaren **Ursache-Wirkungs-Gefüge** drei Problembereiche, die gleichzeitig aber auch **Hebel zur Problembewältigung** bieten. (vgl. Abb. 16)

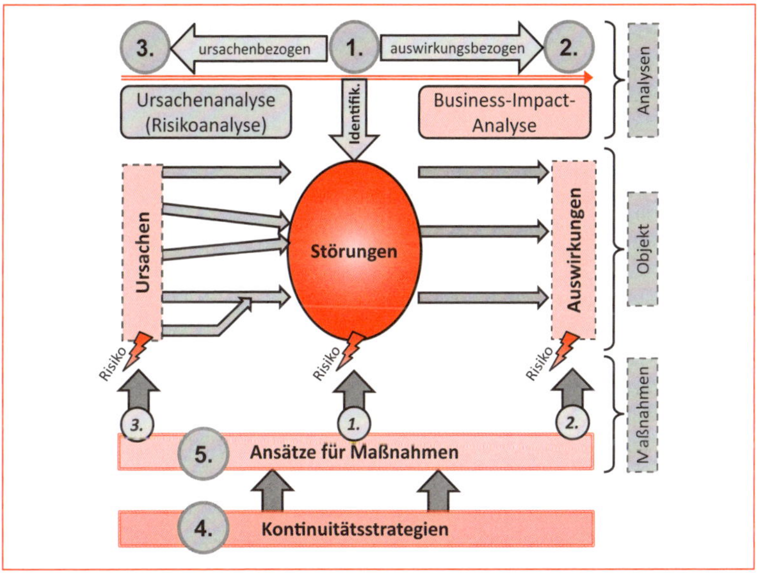

Abb. 16: Ansatzhebel der Analyse und für Kontinuitätsmaßnahmen[76]

Die Störung selbst kann evtl. eingedämmt werden (z.B. Brand im Werk schnell löschen), **die Auswirkung einer Störung** kann durch entsprechende Kompensation abgeschwächt oder gegebenenfalls ausgeschlossen werden (z.B. rasche Ingangsetzung; Ersatzmaschinen statt Produktionsausfall; klare Fluchtwege, dadurch Folgeverletzungen ausschließen) und **ihre Ursache, also**

[75] Genaueres hierzu in Kap. 5.

[76] Vgl. Jossé (2012); die Kreise beziehen sich auf die Phasen des BC-Prozesses.

das Entstehen der Störung, kann möglicherweise komplett ausgeschlossen werden oder zumindest das Risiko vermindert werden (z.B. verteilte Lagerung; Brandschutz intensivieren).

Damit erlaubt BCM ein *gestaffeltes Vorgehen*, um die Ursachen einer Störung, die Störung selbst als auch deren Auswirkungen zu

a) eliminieren (vermeiden)
b) vermindern
c) kompensieren (Ersatz bzw. Transfer intern oder extern)
d) ignorieren (im Sinne von Tragen der Situation oder nur reaktiv handeln)

Vorteile von BCM

BCM ist ein unverzichtbares Element, ja geradezu ein *Gradmesser für gute Unternehmensführung* und umsichtiges, vorausschauendes Handeln.

Die Vorteile von BCM liegen auf der Hand:

- proaktives, frühzeitiges Erkennen von Großstörungen und deren Auswirkungen
- schnellerer Wiederanlauf im Fall X
- geringere Auswirkungen bei direkten Primär- und Folgeschäden
- oft intern regulierbar und damit in der Außenwahrnehmung störungsfrei
- insgesamt strukturiertes Vorgehen und wirkungsvoller Ressourceneinsatz in angespannter Situation
- Absicherung zumindest der wenigen, wirklich unverzichtbaren Prozesse, Potentiale und Produkte
- Handhabung von nicht versicherbaren Schäden (z.B. aufgrund von Managementfehlern)
- verstärktes Arbeiten in heterogenen, interdisziplinären Teams; dadurch Wissensaustausch und Wissenszuwachs
- durch Übungen wird die Fähigkeit zu zuverlässigem Handhaben und Zurückschlagen demonstriert
- insgesamt Aufbau von Bewusstsein und Resilienz
- Identifizierung von Schwachstellen und Verbesserungspotentialen
- Zugewinn an Reputation
- Vertrauen der Stakeholder wächst
- Konkurrenzvorteil durch belegtes BC-System und durch weniger Ausfall sowie Folgeschäden
- ggf. günstigere Versicherungsprämien
- Entlastung der Ressourcen in der ad-hoc-Krise
- Unterstützung eines (proaktiven) Krisenmanagements
- insgesamt ein wesentlicher Beitrag zur Lebensfähigkeit der Organisation
- Belastbarkeit im normalen Geschäftsbetrieb steigt

- durch Schutz der eigenen Organisation auch Nutzen auf Gemeinwohlebene[77]

Im Übrigen sind BC-Lösungen teilweise ganz einfach: Dauert es bei einem Lieferantenausfall vier Tage, bis ein Ersatzlieferant liefert, so wäre bei einem Lagerpuffer von einer Woche die Störung nicht spürbar, die Business Continuity wäre gewahrt. Ebenso banal ist die Lösung für den Fall, dass der komplette Vorstand bei einem Flugzeugunglück ums Leben kommt: Sie fliegen schlichtweg nicht mehr gemeinsam. Zugegeben: Nicht alle BC-Lösungen sind derart einfach…

Kein BCM zu haben ist keine Option, denn:

- **BCM ist nicht teuer:** Es kann mit wenig Anleitung durchgeführt werden. Und jede erkannte Gefahr oder Schwachstelle ist eine weniger, die das Geschäft ruinieren kann.
- **BCM ist keine Geheimwissenschaft:** Viel gesunder Menschenverstand und die Bereitschaft, sich mit unangenehmen Ereignissen und Folgen auseinanderzusetzen, sind schon die halbe Miete. Sie werden merken, schon bald „denken Sie BCM“, stellen die richtigen Fragen (und entwickeln passende Lösungen), erkennen die Achillesfersen Ihres Unternehmens, legen den Finger in die Wunden.
- **BCM ist nicht kompliziert:** Jeder kann es – vielleicht nicht nach den Regeln der Kunst (also den Standards), aber zumindest in einer pragmatischen Vorgehensweise.[78] Sie brauchen auch keine besondere Software dazu; gerade durch die Diskussion mit den anderen BCM-Projekt-Beteiligten und das händische Entwickeln wächst das Krisenbewusstsein. Tatsächlich macht Ihnen das Identifizieren möglicher Großstörungen und deren ausführliche Analyse vielleicht sogar Spaß! Und gar neue, auch ungewöhnliche Wege gehen beim Entwickeln konkreter Maßnahmen!
- **BCM ist überschaubar:** Selbst bei großen Unternehmen sind es letztlich oft nur 15-20 Großstörungen, die analysiert und durch differenzierte Maßnahmen abgesichert werden müssen. Das sollte einem die eigene Existenz schon wert sein!
- Und schließlich: **BCM ist schlichtweg unverzichtbar.** Es nicht zu haben ist wider jede Vernunft, gegen jedes nachhaltige Wirtschaften und schädlich für das Gesamtsystem (Geschäftspartner, Mitarbeiter, Staat, Gemeinwohl).

Werfen Sie einen großen Stein in einen See und beobachten Sie, wie sich die Wellen kreisförmig ausbreiten; nach und nach kommt alles ins Schwanken… Das ist der Übergang zu einem Aspekt, von dem bislang kaum die Rede war:

---

[77] Der Civil Contingencies Act hat – neben dem Erhalt der öffentlichen Ordnung, der Infrastrukturen usw. – auch *das* zum Ziel, denn bricht ein Unternehmen weg, fallen Arbeitsplätze weg, Steuereinnahmen sinken, die Attraktivität der Region/der Stadt nehmen ab.

[78] Ein Hinweis in eigener Sache: 2021 erscheint vom Verfasser ein Leitfaden zu BCM für kleinere und mittlere Unternehmen.

Gerade die **Dominoeffekte** sind es, die oft den größten Schaden auslösen. Sie zu vermeiden, nützt dem Unternehmen und allen sonstigen Betroffenen. Denken Sie an die Corona-Krise: Die eigentliche Störung war die Beeinträchtigung der Gesundheit und der Ausfall vom Personen. Tatsächlich bewirkten das und vor allem die Vielzahl an Maßnahmen immense Verluste bei vielen Unternehmen, aber auch Effekte *(Kettenreaktion!)* auf ganz andere Bereiche (z.B. Verbot von Kulturveranstaltungen oder Gottesdiensten; Hamsterkäufe; Schließung von Einzelhandelsgeschäften und Restaurants; Nutzung der Situation für kriminelle Machenschaften; Extrembelastung von medizinischem Personal und Polizei; psychische Probleme wie Zunahme häuslicher Gewalt usw.).

Wenn das alles verringert oder vermieden werden kann, hat BCM auch eine öffentliche, soziale und soziopsychologische Wirkung und leistet einen stabilisierenden Beitrag. Und das ist doch was!

Zwischenfazit

Die Kontextbedingungen für Unternehmen und Organisationen, für Kommunen und Staaten werden komplexer, häufig neuartig, auch widersprüchlicher. *Strategische Unternehmensführung ist deshalb immer vorausschauend und krisenbewusst.* BCM ist ein unverzichtbarer und vitaler Bestandteil einer ganzheitlichen, strategischen Krisenvorsorge – Unternehmen mit BCM haben einen klaren Vorteil. Hingegen kann für Unternehmen ohne BCM, ohne Plan B ein Zwischenfall eine Krise werden und eine Krise eine Katastrophe.

Selbst wenn der Nutzen von BCM nie offensichtlich wird,[79] weil die Kontinuitätspläne eben funktionieren und die enormen Schäden vermieden werden, kann es sich niemand leisten, BCM nicht zu haben. Sonst wären die wichtigsten Prozesse und Ressourcen ungeschützt, die Wiederherstellung unendlich teurer und langwieriger, der Schaden groß, die Existenz bedroht.

Wer für die Anforderungen von morgen gewappnet sein will, für den ist Zaudern keine Option. **BCM ist ein zwingendes Muss. Die Zeit läuft.**

[79] Höchstens dadurch, dass nach einer allgemeinen Katastrophe oder Krise (die eine Branche, eine Region oder dgl. betrifft) die Konkurrenz Mühe hat, wieder Boden zu gewinnen, oder ganz von der Bildfläche verschwindet, während Ihr Unternehmen nahezu unbeschadet übersteht.

5 Der Business-Continuity-Prozess

Business Continuity Management (BCM) soll im Falle von Großstörungen die Unterbrechung bzw. Beeinträchtigung der geschäftskritischen Prozesse minimieren und insgesamt die Funktionsfähigkeit sicherstellen. In Kap. 4 (ab S. 39) wurden die Gründe und Grundlagen für BCM dargelegt. Nachfolgend wird der Business-Continuity-Prozess vorgestellt und gezeigt, wie Störungen identifiziert und analysiert werden. Die Ableitung geeigneter Kontinuitätsstrategien und -maßnahmen sowie deren Umsetzung werden im Anschluss skizziert.

Beim Kauf eines Autos wird in Sicherheit investiert: um die Gefahr von Unfällen zu mindern (z.B. ESP, ABS) bzw. um im Falle eines Falles zumindest die Folgeschäden abzumildern oder gar ganz aufzufangen – im Idealfall braucht man die Airbags nie, im Unglücksfall ist man froh, in sie investiert zu haben. Ähnlich verhält es sich mit BCM: es fokussiert große und existenzielle Störungen, setzt aber auch an deren Ursachen und (vor allem) an den Auswirkungen an. Mit BCM investiert eine Organisation in etwas, das das Schlimmste verhüten soll…

Gegenstand von BCM sind **Großstörungen, deren Schadenspotenzial enorm ist und die mit den bestehenden operativen Kapazitäten nicht bewältigt werden können.** Um ihnen vorbereitet und mit geeigneten Maßnahmen begegnen zu können, hat sich BCM als geeignete, eigenständige Disziplin herausgebildet. Die dortigen Prozesse werden klassisch als „life cycle" verstanden und dargestellt. Das übliche 6-Phasen-Modell wird hier erweitert und präzisiert.

Phasenüberblick

Bevor die einzelnen Prozessphasen genauer dargestellt werden, erfolgt zunächst ein **Kurzüberblick** über deren Inhalte und Aufgaben: (vgl. Abb. 17)

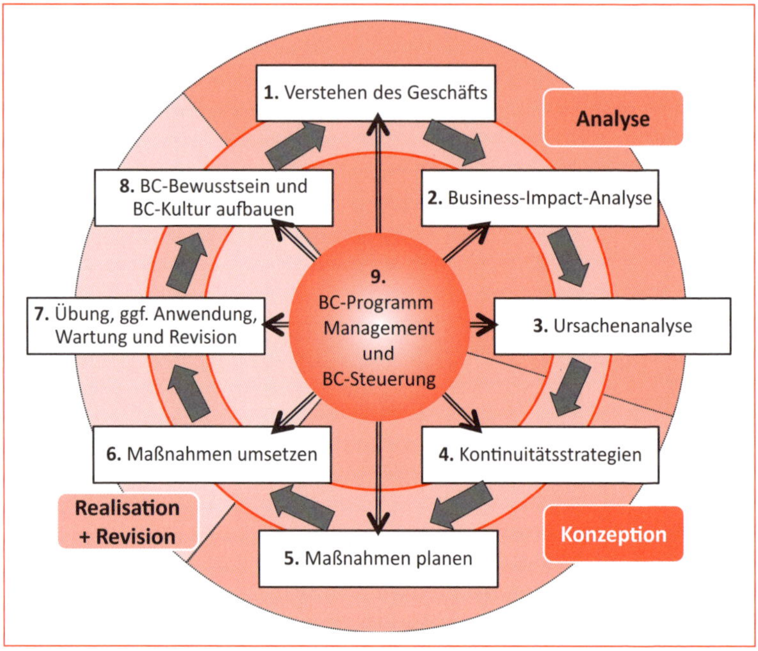

Abb. 17: Prozess des BCM

Kernstück von BCM ist die *Identifikation* leistungskritischer Prozesse und Potentiale, deren *Analyse und Bewertung* (z.B. hinsichtlich Ausfalldauer, Schadenshöhe, Verletzbarkeit, Ansteckungsgefahr auf andere Prozesse, Potentiale oder Produkte) im Rahmen einer Business-Impact-Analyse, gefolgt von einer Ursachenanalyse. Daran schließen sich die Entwicklung und Umsetzung grundsätzlicher *Kontinuitätsstrategien* und konkreter Maßnahmen, um die Störungen und deren Auswirkungen zu minimieren (bzw. allgemein: zu handhaben) und somit den Geschäftsbetrieb mit seinen wesentlichen Prozessen rasch wieder aufzunehmen bzw. die Beeinträchtigungen möglichst gering zu halten.

Im 1. Schritt (**„Verstehen des Geschäfts“**)[80] muss zunächst das Unternehmen in seinem Wirkungsgeflecht und sein Geschäftsmodell verstanden werden. Dazu gehört ein Erfassen seiner Grundstruktur (z.B. Finanzierung; Hauptprozesse), aber auch seiner Umwelt, also der Branche sowie der allgemeinen Umwelt mitsamt den Abhängigkeiten (z.B. Single Sourcing) und Restriktionen (z.B. technologischer oder staatlicher Art) sowie allen wesentlichen Akteuren und Elementen, mit denen das betrachtete Unternehmen interagiert. Außerdem sind alle gefährdeten Potentiale und leistungskritischen Prozesse

[80] Es gibt zahlreiche Zykluskonzepte. Im Klassiker sind unsere Phasen 1-3 zu *einer* Phase zusammengefasst, die ebenfalls „Verstehen des Geschäfts“ heißt, die aber u.a. auch die BIA enthält. Die hier vorliegende Unterteilung ist insgesamt trennschärfer.

sowie deren Zusammenhänge zu erfassen. Abgeschlossen wird diese Phase mit der Identifizierung aller relevanten, möglichen Großstörungen.

Anschließend werden diese in der (2) **Business-Impact-Analyse (BIA)** *auswirkungsbezogen* evaluiert (z.B. welche Auswirkungen hat ein Verzug in der Beschaffung auf die Produktion und nachgelagert ggf. auf das Kundenverhalten?); hier sollen vor allem auch Dominoeffekte bedacht und Primär- und Folgeschäden[81] erkannt und bewertet werden. Danach wird (3) *ursachenbezogen* eine **Risiko- bzw. Ursachenanalyse** durchgeführt (Suche nach Störungsursachen und deren Bewertung).

Nach Abschluss der Analysen erfolgt (4) die grundsätzliche Bestimmung der **Kontinuitätsstrategie** (z.B. eigene Ersatzkapazitäten aufbauen, Ausfall durch Kooperationen absichern, proaktiv Störungsursachen entgegenwirken, auf starkes Image und schnelle Kommunikation setzen), die mit dem generellen Unternehmenszielen übereinstimmen muss. Anschließend (5) werden konkrete **Maßnahmen** geplant; beide werden in Schritt (6) umgesetzt und die erforderliche Infrastruktur bereitgestellt. In regelmäßigen **Tests** werden Strategien, Pläne und Maßnahmen überprüft und ggf. angepasst (7).

Flankierend[82] erfolgt der **Aufbau** eines BC-Bewusstseins sowie einer BC-Kultur (8) – beides eine wesentliche Bedingung, um Störungen schon im Ansatz erkennen und kostengünstig handhaben zu können. Angestoßen, konzipiert, **koordiniert und gesteuert** werden all diese Prozesse durch das BC-Programm-Management (9) mittels einer zentralen BC-Stelle, die aufgrund ihrer elementaren Bedeutung der Unternehmensleitung direkt zugeordnet ist.

Grundsätzliches zum Prozess

Tatsächlich gibt es verschiedene Phasenmodelle: Nicht nur die Anzahl der Phasen differieren, sondern auch deren Inhalte und Eindeutigkeit. Dies ist vor allem dem zugrundeliegenden Verständnis von BCM und dem jeweiligen Entwicklungsstand geschuldet. Hier wird ein **bewährtes Prozessmodell** vorgestellt, das in neun Phasen **alle Schritte des BCM** abbildet und präzisiert. Es gilt als grundsätzlich, pragmatisch und universell anwendbar.

Jede einzelne Prozessphase hat ganz unterschiedliche Aufgaben und thematisiert jeweils spezifische Fragestellungen. Dementsprechend unterschiedlich sind auch die Vorgehensweisen, Instrumente und Ergebnisse sowie teilweise

---

[81] Oft sind es gerade die (nicht bedachten) Folgeeffekte, die die Existenzbedrohung bewirken und die Manövrierbarkeit in Frage stellen. Die Folgeschäden können die Kosten der eigentlichen Störung um ein Vielfaches übertreffen.

[82] Tatsächlich sind die Phasen (8) und (9) nicht am Ende des Zyklus', sondern begleiten und koordinieren ihn. Phase (9) ist eigentlich sogar der erste Schritt bzw. die Grundlage allen BC-Handelns. Aus *lösungsorientierter Sicht* spricht jedoch nichts dagegen, die Schritte in der vorgestellten Reihenfolge darzulegen und mit „Verstehen des Geschäfts" und den Analysen zu beginnen; so wird die Aufgabe betont, Schwachstellen des Unternehmens/der Organisation aufzudecken.

die beteiligten Personen. Manche Phasen sind hoch-kreativ, andere stark analytisch, andere befassen sich mit der operativen Umsetzung.

Neben den diversen Standards (z.B. ISO 22301) steht eine Vielzahl von Checklisten und Templates zur Verfügung. Ein Unternehmen kann Standardroutinen zur Orientierung benutzen, sollte sie aber jedenfalls individuell anpassen oder aber seine eigene Vorgehensweise entwickeln – ggf. mit professioneller Unterstützung. Schließlich gehorchen unterschiedliche Geschäftsmodelle und -prozesse sowie unternehmensspezifische Verletzbarkeiten regulativen Normvorgaben nur bedingt. Zudem sind einige der Normen sehr allgemein gehalten und geben daher wenig konkrete Hilfestellung – dies trifft z.B. auf die ISO 22301 zu, während der BS 25999 und die GPG deutlich anwenderfreundlicher sind.

Im Übrigen spielt die Unternehmensgröße kaum eine Rolle: Unabhängig von Art und Größe des Unternehmens (bzw. der Organisation) ist stets herauszufinden, was den Erfolg nachhaltig stören könnte, also: welche Großstörungen welche kritischen Prozesse bedrohen und wie diese abgesichert werden können.

Phase 1: Verstehen des Geschäfts

Störungen können an den verschiedensten Stellen entstehen und sich im Unternehmen ausbreiten. Deshalb ist es notwendig, sich über das Geschäftsmodell, die einzelnen Akteure (z.B. Kunden, Lieferanten, Abteilungen), über Prozesse und Strukturen sowie über interne und externe Restriktionen und Abhängigkeiten im Klaren zu sein oder zu werden.

Mit dem Untersuchen des Geschäfts wird dreierlei erreicht:

- Es wird ein **antizipatives Bewusstsein** für scheinbar (!) unmögliche Störungen aufgebaut – ein wesentlicher Schritt zum Aufbau von Stabilität und Resilienz!
- Es wird ganz konkret die **Verletzbarkeit des eigenen Systems**, seiner Potenziale und Prozesse und seiner Beziehungen innerhalb und außerhalb des Systems aufgedeckt, was gleichzeitig der **Strukturierung** möglicher Problemfälle dient.
- Es werden die existenziellen **Störungen identifiziert** und konkret die erfolgskritischen **Schwachstellen erkannt**.

Die untersuchten Verkettungen gehen auch *über die eigenen Systemgrenzen hinaus:*

- starke Abhängigkeit von einem Hauptkunden
- es stehen keine Lagerpuffer zur Verfügung
- bei einer Cyber-Attacke droht ein totaler Datenverlust
- muss ein Haupt-Umsatzbringer vom Markt genommen werden, droht ein deutlicher Ergebnisrückgang

- alternative Rezepturen oder Bauteile benötigen langwierige Genehmigungsverfahren
- aus Kostengründen wurden Redundanzen abgebaut, die im Stressfall benötigt würden (z.B. 2. Produktionsstätte)
- alternative Lieferanten beziehen vom selben Vorlieferanten

Aber auch Unternehmen ohne derart offensichtliche Achillesfersen sind vor Großstörungen und deren Auswirkungen nicht gefeit.

Zum Verstehen des Geschäfts werden zunächst das Unternehmen mitsamt seinen Strukturen, Prozessen und Potentialen genauso untersucht wie die Kontextbedingungen und Beeinflussungen, denen es ausgesetzt ist. Folgende Teilkomplexe sind auszuleuchten:

1. Steckbrief + Eckdaten des Unternehmens: Dazu zählen die Historie (z.B. Insolvenzen und Übernahmen in der Vergangenheit, Rechtsformwechsel, Großstörungen in der Vergangenheit), der Standort (z.B. im Einzelhandel), die Eigentümerstruktur und die Eckdaten (z.B. Produktionsmengen, Freikapazitäten, saisonale Besonderheiten), Verbundbeziehungen (z.B. finanzielle Verflechtung). Oft resultieren Verletzbarkeiten aus der Vergangenheit.

2. Geschäftsmodell, also die Frage nach dem „wer was wie wo und mit wem?" (z.B. Serienfertigung, Fertigungstiefe, Vertriebskanäle, Produktion auf Bestellung oder auf Lager). Gibt es Puffer oder Ersatzlieferanten, um einen Rohstoffausfall aufzufangen? Eine Qualitätsführerschaft kann einerseits die Kopierbarkeit durch die Konkurrenz erschweren, andererseits die eigene Flexibilität (im Falle einer Störung) einschränken. Ebenso bedeutsam ist, inwiefern Produkte, deren Bauteile, ganze Standorte oder auch Kundengruppen (kurzfristig) austauschbar sind (was wiederum die Flexibilität erhöht) – der 3er-BMW kann z.B. in fünf verschiedenen Werken hergestellt werden, beim 7er-BMW ist das nicht der Fall.

Ausweich- und Auffangmöglichkeiten sind zu eruieren: Wird bspw. das Ladengeschäft eines Selbstständigen von einer Großbaustelle betroffen, bedeutet dies oft irreparable Schäden, wohingegen bei einem Filialisten i.d.R. die anderen Filialen den Ausfall auffangen können.

Fragen zum Erfassen des Geschäftsmodells sind bspw.:

- Wie wird produziert? (auf Lager, auf Bestellung?)
- Was wird hergestellt und womit? Sind Verfahren austauschbar?
- Gibt es vertragliche, technisch oder wirtschaftlich bedingte Mindestmengen?
- Gibt es saisonale Anforderungen?
- Sind Produkte bzw. ihre Bauteile ersetzbar und in welchem Maße?
- Sind wir flexibel und können Prozesse, Produkte und Dienstleistungen schnell umbauen?
- Gibt es Puffer und Redundanzen?
- Sind wir (zumindest in einer bestimmen Region/in einem Teilmarkt) einziger Anbieter? Wer ist Konkurrent?

- Ist unser Produkt eher lebensnotwendig oder eher verzichtbar?
- Welche äußeren Einflüsse wirken direkt auf uns?
- Was kann die Leistungserstellung nachhaltig stören oder unterbrechen?
- Von was oder wem sind wir stark abhängig?
- Wo kann die Liquidität zu einem ernsten Problem werden?
- Welche Informationsprozesse sind unverzichtbar, aber vulnerabel?
- Welche Kommunikation muss auf jeden Fall aufrechterhalten werden?

3. Allgemeine Umwelt als erstem Schritt der externen Analyse; Untersuchungsobjekte z.B.: Rohstoffvorkommen, Staat (z.B. Gesetzeslage), technologische Veränderungen, Demografie, Kaufkraftentwicklung, Globalisierung oder Medien. Als klassisches Instrument dient die PESTEL-Analyse, die in eine wirtschaftliche, ökologische, technologische, rechtliche, politische und soziokulturelle/demografische Umweltsphäre differenziert.[83]

Vielfach geht es um qualitative, unscharfe Aussagen über zukünftige Entwicklungen; hier ein Instrumentenüberblick:

- PESTEL-Analyse
- Kreislaufmodelle
- Cross-Impact-Analyse
- Trendforschung
- Trend- bzw. Issues-Landschaften
- Delphimethode bzw. Expertenbefragungen
- Szenariotechnik bzw. Szenarioanalysen
- Simulationen

4. Aufgabenspezifische Umwelt als zweitem Schritt der externen Analyse: Kreditgeber, Konkurrenz, Lieferanten, Vorlieferanten, Absatzmittler, Endkunde, aber auch Anwohner oder die Stadtverwaltung sowie Netzwerke und Kooperationen, Verbände, Messen und Fachzeitschriften und z.B. fachbezogene wissenschaftliche Institute.

Da eine Organisation mit ihrer Umwelt interagiert, sind hier auch spezielle Restriktionen, Querverbindungen, Abhängigkeiten und Interdependenzen zu beleuchten. Insgesamt ist die Umwelt Auslöser aber auch Reagens, sie beeinflusst uns, kann aber zum Teil auch beeinflusst werden.

Eine Branchenanalyse kann hier helfen, hat aber einen engeren Fokus. Klassische Instrumente hier sind bspw.:

- Wertkettenanalyse (Analyse der Supply Chain)
- Branchenanalyse
- Konkurrentenanalyse
- Strategische Bilanz
- Scoring-Modelle (Nutzwertanalyse)
- Cross-Impact-Analyse

[83] Englisch = political, economic, social, technological, environmental, legal. Im deutschen Sprachraum werden die politische und die rechtliche Sphäre meist zu einer zusammengefasst.

- Portfolios
- Risiko-Scorecard[84]

5. Restriktionen und (wechselseitige) Abhängigkeiten zwischen dem Unternehmen und den unter Punkt 3. und 4. genannten Akteuren bzw. Phänomenen: Da kein Unternehmen unbeeinflusst agiert und Störungen entweder intern und/oder extern angestoßen werden, müssen *Wirkungsbeziehungen* erkannt und durchleuchtet werden. Aspekte wie (interne Ressourcen), Rohstoffe, Geografie, Klima, Recht, Finanzen oder Image helfen, Dependenzen zu erkennen. So ist z.B. eine angespannte Rohstofflage als Szenario durchzuspielen oder eine deutliche Produktionsverzögerung oder ein Produktrückruf bezüglich des Verhaltens der Kunden und Medien zu beleuchten.

Bei den *Abhängigkeiten* spielt jene von der eigenen Hausbank genauso eine Rolle wie die Berichterstattung in den Medien: Werden z.B. wiederkehrend negative Schlagzeilen aus der Vergangenheit aufgerollt (z.B. Nestlé und Milchpulverskandal)? Zu den Restriktionen zählen staatliche Auflagen oder vertraglich vereinbarte Mindestmengen, die produziert werden müssen, ebenso technische Machbarkeiten oder auch ökologische Grenzen, Marktformen und Nachfrageverhalten oder zeitliche und saisonale Schwankungen.

Prozesse, Abhängigkeiten, Restriktionen sind jeweils unternehmensintern als auch unternehmensübergreifend zu untersuchen. So kann die *Analyse der Wertkette* nicht am Werktor enden, sondern muss die Lieferanten und deren Vorlieferanten genauso einbeziehen wie auf der Absatzseite Großhändler, Einzelhändler und Konsumenten sowie, in beiden Fällen, zwischengeschaltete Akteure, wie z.B. Logistikunternehmen.

Folgende Fälle sollen dies verdeutlichen: (vgl. Abb. 18)

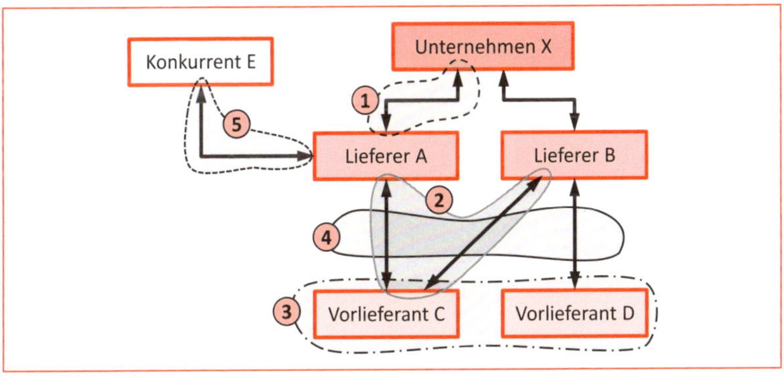

Abb. 18: Störungen in der Supply Chain

[84] In einer Risiko-BSC werden Ursache-Wirkungsbeziehungen bezogen auf wesentliche Unternehmensziele untersucht, und zwar unter expliziter Berücksichtigung möglicher Bedrohungen. Diese Informationen können verwendet werden, andererseits adaptiert werden, indem statt Bedrohungen oder Risiko nunmehr Störungen fokussiert werden. Zur Risiko-BSC vgl. Jossé: Balanced Scorecard (2018), S. 152ff.

Fall ①: Wir haben nur einen Lieferanten und dieser fällt aus. Dieses klassische Single Sourcing existiert per Vertrag; weil es faktisch (in dieser Güte) nur einen gibt; weil es zu lange dauern würde, einen zweiten aufzubauen; usw.

Fall ②: Unsere beiden Alternativlieferanten A und B haben für bestimmte Bauteile denselben Vorlieferanten C. Liegt bei diesem der Ursprung der Störung (z.B. Brand), so ist Lieferant B doch keine Alternative.

Fall ③: Wir haben zwei verschiedene Lieferanten mit jeweils unterschiedlichen Vorlieferanten (C und D); diese jedoch sitzen in derselben Region. Im Falle eines Erdbebens fallen beide aus und unsere Versorgung ist gestört (z.B. Erdbeben in Norditalien oder Fukushima).

Fall ④: Es besteht derselbe Transportweg von alternativen (Vor-)Lieferanten (vgl. lahmgelegter Flugverkehr durch den Ausbruch des Eyjafjallajökull im April 2010).

Fall ⑤: Unser Lieferant ist auch Lieferant für unseren Konkurrenten und zieht diesen in der eingeschränkten Lieferfähigkeit vor (siehe Fall Ericsson).[85] Das kann auch mit Gewalt geschehen: Eine moderne Form der Piraterie veranlasste US-Präsident Trump im April 2020, als er eine Ladung Schutzmasken, die von Deutschland bestellt worden war, direkt in Thailand kapern ließ(!). Ein unerhörter Vorgang, andererseits eine zu beachtende Realität in Zeiten von egomanischen und rüpelhaften Regierungschefs…

6. Objekte:

In dieser Vorstufe zur Identifizierung alle Kritikalitäten mit hohem Bedrohungspotential wird mit einem internen sowie externen Scan das Unternehmen mitsamt seinem relevanten Umfeld auf Störpotentiale durchleuchtet. Meist hört man, es ginge (ausschließlich) um kritische Geschäftsprozesse. Das halten wir für zu eng, letztlich sogar gefährlich eng: Wenn Sie an die Coronakrise denken – was war besonders knapp? Schutzmasken! Ein kleiner Ausrüstungsgegenstand, Massenware, der „plötzlich" knapp wurde.[86] Und damit u.a. die Behandlung in Krankenhäusern oder Betreuung im Pflegeheim erschwerte (das wäre ein Prozess). Sie sehen: Ein winziges Detail, das bei jeder 08/15-Analyse von Prozessen übersehen worden wäre.[87]

---

[85] Vgl. S. 8, Fall Ericsson

[86] Das „plötzlich" steht deshalb in Anführungszeichen, da ja schon Jahre vorher in entsprechenden Szenarien auf die Knappheit medizinischer Schutzkleidung hingewiesen worden war. „Plötzlich" also nur deshalb, weil eine rechtzeitig veranlasste Bevorratung oder Liefergarantien versäumt worden waren.

[87] Die Schutzmasken wurden fast ausschließlich in Fernost hergestellt (was leider auch für andere Güter gilt, wie z.B. relevante Medikamente oder deren Grundsubstanzen). Daraus müsste man eine Lehre ziehen: Solche Güter, die im Krisenfall unverzichtbar sind, müssen vorhanden oder erreichbar sein. Eine gewisse Bevorratung oder eine Mindestproduktion in Deutschland muss eingerichtet werden (zumindest als sog. „warm site", die jederzeit ihren Betrieb aufnehmen bzw. die Produktion umstellen kann).

Anderer Fall: Da ist ein Hersteller von Baufahrzeugen. Es kommt zum Stillstand. Der Grund? Es fehlen nicht etwas Motoren oder Stahlträger – nein, „popelige" C-Teile sind's, nämlich Schrauben, die die Störung bewirken. Ob die Versorgung mit Schrauben irgendjemand vom (Risiko-)Management als „systemrelevant" auf dem Plan hätte? Ich hege meine Zweifel…

Damit genau das nicht passiert, empfiehlt es sich, für die Identifikation von Großstörungen nicht nur Prozesse, sondern die Organisation aus weiteren Blickwinkeln zu betrachten.

Dazu kann ein *strukturiertes Vorgehen* folgende **Untersuchungsobjekte** durchleuchten.

- **Prozesse** (gerne wird hier auf sog. *Kernprozesse* (z.B. Beschaffung, Produktion, Absatz) abgezielt, dabei können auch nicht im Rampenlicht stehende *Unterstützungsprozesse* (z.B. F+E, Personalentwicklung, IT, Logistik, Finanzierung, Unternehmenskommunikation) Lücken reißen, wenn sie nicht fehlerfrei laufen – gerade letztere werden vermehrt ausgelagert und an fremde Dienstleister vergeben.[88]
- **Potentiale** (insbesondere Maschinen, Gebäude, Fahrzeuge und andere Anlagegüter; immaterielles Vermögen wie Patente, Marken, Know-how oder das Image; aber auch externe Potentiale, wie z.B. Zugang zu einem bestimmten Markt
- (Schlüssel-)**Personen** (besonders jene, die keinen Vertreter haben, die über spezielles Wissen verfügen und ohne die eine Lücke gerissen wird: sog. SPOFs = single point of failure). Beispiele: Vorstand, Entwickler, Kundenbetreuer, Einkäufer
- **Produkte und Produktprogramm,** z.B. umsatz- oder renditestarke Produkte; auch Querverbindungen zwischen Produkten sind zu beachten (z.B. Produkt und Komplementärgut[89] oder Produkt und dazugehöriger Dienstleistung)[90]
- **Partner** (Lieferanten und Vorlieferanten, Lohnfertiger, Absatzmittler, Kunden, kooperierende Unternehmen, Lieferketten, Produktionsnetzwerke, Kapitalgeber, Institute, andere Stakeholder)
- **Plagiatoren** (Anbieter, Vertreiber und ggf. Konsumenten von Imitaten) und **Feinde** (Cyber-Attacke, Industriespionage, Erpresser, Verletzungen von IPR[91])
- **Publikum** (Staat, Anwohner, Medien, pressure groups, Internet-Blogs)

---

[88] Sie wissen längst: Der Fehler steckt im Detail, die Störungsursache kann eine scheinbar unwesentliche Nebenfunktion sein, eine Kleinigkeit…

[89] Tinte ist Komplementärgut zu Füller, Benzin zu PKW, Strom zu Bohrmaschine. Werden zukünftig weniger Dieselfahrzeuge verkauft bzw. benutzt, wird sich das auf die Dieselnachfrage auswirken.

[90] Für ein Hotelrestaurant bspw. wären wesentliche *Verbundbeziehungen* zwischen ggf. gestörter Beherbergungsleistung und Verpflegungsleistung sowie Nebenleistungen wie Wellnessbereich relevant.

[91] IPR = intellectual property rights = Rechte am geistigen Eigentum, wie z.B. Marken, Design, Patente

- **Systeme** und **Strukturen** (z.B. Umwelten, Märkte, IT, Beziehungen)
- **Stoffe,** Materialien (z.B. Rohstoffe, wesentliche Fremdbauteile) und Hilfsmittel (z.B. Schutzmasken oder andere Utensilien)

Diese Elemente liefern Anhaltspunkte für die vermutlich wirklich kritischen Geschäftsprozesse bzw. Schwachstellen und helfen, diese herauszufiltern.

7. Identifizierung möglicher Großstörungen:

Nun liegt ein solides Verständnis über die eigene Organisation und ihren Umweltkontext vor. Zum Abschluss dieser Phase erfolgt nun die eigentliche Suche nach möglichen Großstörungen. Dies geschieht mittels **dreierlei Ansätzen**, die miteinander kombinierbar sind:

a) **Systematisches Durchgehen** aller möglichen, kritischen Prozesse und Potentiale innerhalb und außerhalb der Unternehmung (s.o., Punkt 6.)[92]
b) Mit Hilfe von **kreativ-logischen Methoden** wie z.B. Fragenkatalogen, Simulationsspielen, Szenarien oder Brainstorming nach der Art „Was wäre wenn…?", z.B. durch solche Fragen:
   - Was wäre, wenn Standort XY ausfällt bzw. nur noch zu 70 % produziert?
   - Was passiert, wenn Hauptprozesse unterbrochen werden?
   - Was könnte eine Kettenreaktion auslösen? Wie sähe diese aus?
   - Wie hoch wäre die schlimmste Beeinträchtigung?
   - Was wären die schlimmsten Auswirkungen?
   - Wie reagiert der Kunde auf…?
   - Wie reagiert die Öffentlichkeit auf…? usw.
c) Außerdem sollten **Erfahrungen aus bisherigen Störungen** einfließen und diese hinterfragt und auf andere Situationen übertragen werden. Falls frühere Störungen relativ gut gemeistert wurden, sollte man sie trotzdem einbeziehen: Beim nächsten Mal könnten sie durchaus anders verlaufen und evtl. schweren Schaden anrichten!

Instrumente dieser Phase sind vielfältig; neben den oben genannten kommen in Frage:

- Fragenkataloge (siehe Abb. 19)
- Checklisten
- Interviews
- Brainstorming (und -Varianten)
- Recherche nach Großstörungen innerhalb der Region/der Branche
- Kreislaufdiagramme
- Umweltanalysen
- Unternehmensanalysen
- Schwachstellenanalyse
- kritische Landkarten

[92] Selbstverständlich werden in der gesamten Phase „Verstehen des Geschäfts", z.B. bei der Analyse der Umwelt, aber speziell auch in Schritt 6, schon Erkenntnisse über mögliche Großstörungen gewonnen und dokumentiert. Insofern ist dieser 7. Schritt auch als flankierend anzusehen.

- Wie wird produziert? (auf Lager, auf Bestellung?)
- Was wird hergestellt und womit? Sind Verfahren austauschbar?
- Wo/wodurch kann Liquidität zu einem ernsten Problem werden?
- Welche Prozesse hängen stark voneinander ab?
- Welche Kundengruppen sind stark volatil und wovon abhängig?
- Welche Kundensegmente sind besonders anfällig?
- Welche Mindestmengen könnten bedroht sein?
- Welche Konkurrenten, Organisationen oder Infrastrukturausfall können uns nachhaltig schaden?
- Wie verletzbar ist unser Supply Chain? Wo und wodurch?
- Wie wirken sich welche Naturkatastrophen auf uns aus?
- Sind wir auf Erdbeben/Lawine/Hochwasser/Pandemie usw. (wirklich) vorbereitet?
- Wie lange können wir bei Störung X durchhalten?
- Wie reagieren unsere Stakeholder auf Fall Y?

Abb. 19: Fragenkatalog[93]

Mit der Identifizierung der kritischen Geschäftsprozesse endet diese Phase. Als Ergebnis sollte eine *überschaubare Anzahl möglicher Großstörungen* mit vermutet *enormem Schadenspotential* vorliegen, die im nächsten Schritt analysiert werden.

Phase 2: Business-Impact-Analyse

Diese 2. Phase ist das wichtigste- und **Kernelement** im BC-Prozess, ja sogar das Fundament, auf dem der ganze BCM-Prozess ruht.[94] Die zuvor ermittelten Großstörungen werden in der Business-Impact-Analyse (BIA; dt.: Folgeschadenabschätzung) strukturiert analysiert und auf ihre schädlichen Auswirkungen untersucht.

Bei der Schadensermittlung sind zunächst die *direkten Schäden* der Störung selbst zu bedenken, also z.B. bei einem Brand die zerstörte Maschine, verbrannte Materialien und die unterbrochene Produktion als **Primärschäden**. Dazu kommen als **Sekundärschäden** die durchs Löschwasser verdorbenen Produkte, Aufräumkosten oder Kosten durch Nichtarbeit. Nachgelagert könnten **Tertiärschäden** z.B. durch Imageverschlechterung, Abwandern von Kunden und Verlust von Marktanteilen entstehen.

Wie stark eine Störung auf andere Bereiche/Prozesse wirkt, hängt vom *Infektionspotential* einer Störung (Toxizität) und internen und externen „Brandbeschleunigern" ab – oder eben der *Widerstandskraft (Resilienz)*, um die Ansteckungsgefahr abzuwehren oder ihr gar vorzubeugen.

Zur Bewertung sind vor allem der Ausfall (in Stück o.ä.) und der Faktor Zeit (Dauer des Ausfalls; Zeit, bis Ersatz zur Verfügung steht) maßgeblich, dane-

---

[93] Jossé (2018b), S. 58

[94] Vgl. GPG, S. 83. Und dann kam 2019 doch tatsächlich ernsthaft die Diskussion auf, die BIA abzuschaffen! Nicht zu fassen!

ben natürlich auch qualitative Aspekte oder die Frage nach bestehendem oder schnell verfügbarem Ersatz (binnen welcher Zeit?) bzw. geplanten Maßnahmen, um die Auswirkungen zu mindern oder ganz aufzufangen.

Methodisch gibt es eine ganze Reihe von Instrumenten, die im Rahmen der BIA – auch kombiniert – eingesetzt werden:

- Badewannenmodell
- Störungsmatrix
- Entscheidungsbäume
- Kritischer-Pfad-Methode (Netzplantechnik)
- Simulationen
- Cross-Impact-Analyse
- Sensitivitätsanalysen
- Vulnerabilitätsanalysen
- branchenspezifische Verfahren und Szenarien
- Fragebögen u.a.

Die ersten beiden werden nachfolgend kurz vorgestellt.

Das **Badewannenmodell** nennt die Dimensionen Ausfall mal Dauer (vgl. Abb. 20). Damit umreißt es nicht nur die Ist- bzw. geschätzte Wird-Situation, sondern ergänzt auch Eckdaten wie Normal-, Maximal- und Mindestleistung (z.B. als Notbetrieb), sowie ggf. Bedarfe zur Wiederherstellung (schwarze Pfeile unten/Mitte).[95] Außerdem integriert es Maßnahmen, die zu einer Verringerung des Ausfalls taugen (Pfeile ① bis ③). Einzelne Optionen von Kontinuitätsstrategien können so in ihrer Wirkung verdeutlicht werden:

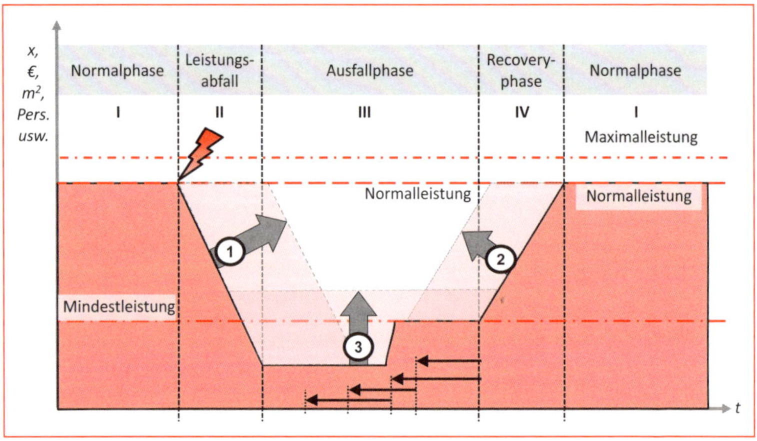

Abb. 20: Badewannenmodell mit integrierten Maßnahmen

95 Ergänzt werden können u.a. Reaktionszeit, Wiederanlauf, Wiederherstellung, Rückführung (auf Normalleistung), Nacharbeiten und z.B. Schichten als zeitliche Größen sowie diverse Leistungsniveaus bzw. Kapazitäten, Stückzahlen, beförderte Personen u.a.m.

Die **Störungsmatrix** (vgl. Abb. 21) nennt übersichtlich alle relevanten Aspekte einer Störung: als *integratives Instrument* neben der Art der Störung und der möglichen Auswirkungen (Phase 2) durchaus auch unterschiedliche Ursachen (Phase 3) sowie ggf. Kontinuitätsstrategien (Phase 4) und jedenfalls bestehende sowie nötige Maßnahmen (Phase 5), deren Umsetzung (Phase 6) und Übung/Wartung/Revision (Phase 7). Das ist im Übrigen auch der Charme dieser beiden Instrumente, dass sie nicht nur auf *eine* Phase des BC-Prozesses beschränkt sind, sondern in den Folgephasen aufgegriffen und fortgeführt werden. Es ist sinnvoll, bestehende oder leicht zu ergreifende Maßnahmen zu nennen, da sie in der Tat die untersuchte Störung in ihrem Entstehen und/ oder ihrer Auswirkung minimieren. So kann in einem Beschaffungsprozess ein Puffer von einer Woche (gegenüber den Folgeprozessen) ermittelt werden; beim Ausfall eines Lieferanten kann binnen drei Tagen eine Ersatzlieferung erfolgen. Diese Option reicht aus, die Störung muss (zumindest nicht vorrangig) weiter verfolgt werden.

	Störung	Primärschaden	Folgeschaden	Absatz bedroht?	Ausfalldauer	Ausfallhöhe pro Tag	Mind.-leistung bedroht?	besteht Ersatz?	reichen Maßnahmen aus?	...
#1	Erreger im Hotel/ Restaurant	neg. Berichterstattg.	Image +Absatz sinken	XX	NN	ggf. Erfahrungswert	X	nein	nein	...
#2	Tiefgarage gesperrt	weitere Wege, kl. Mangel	zusätzl. Kosten	x	0,5 Jahre	10/300 Paxe	nein	evtl. Partner	nein; + Shuttle	...
#3	Umbaumaßnahme	Trakt nicht nutzbar	Lärm, Schmutz, Kd.storno	x	90 Tage	40/300	?	binnen 4 Tagen	✓	...
#4	Großkunde steigt aus	Auslastg. sinkt	Stückkosten steigen	x	bis Ersatz	12/300	nein	evtl.	?	...
#5	Zufahrtstr. gesperrt	Hotel kaum erreichbar	Kd.storno	XX	60 Tage	140/300	X	bedingt	nein	...
#6	Image sinkt	Kunden bleiben aus	Liquidität sinkt	XXX	NN	?	vorerst nein	nein	nein	...

Abb. 21: Störungsmatrix eines Hotels

Statt die jeweiligen Kriterien anzukreuzen, können auch explizit Ausprägungen genannt werden. Viele weitere Rubriken (Spalten) sind möglich, bspw.:

- Art des (Folge)Schadens: Produktion, finanziell, Image
- Auswirkungen auf: Produktion, Absatz, Image, Marktstellung usw.
- bewertet in Mengen, €, Tagen, Personen, Kapazitäten oder qualitativ (z.B. Symbole)
- voraussichtliche Ausfalldauer (bzw. -höhe)
- erlaubte Ausfalldauer (bzw. -höhe)
- bestehende, eingeleitete und mögliche Maßnahmen (diese nennen!)
- Maßnahmen: intern/extern vorhanden, ausreichend, noch zu ergreifen, umgesetzt, geübt, überprüft, noch aktuell usw.

- Restausfalldauer/-höhe nach Maßnahme X
- ist der Ausfall auffangbar? (z.B. zeitlich im Produktionsprozess verschiebbar)
- benötigte Ressourcen
- ggf. Rangfolgen bzw. Prioritäten
- mögliche Ursachen der Störung
- Phasenbezug, z.B. BIA, Ursachenanalyse, Maßnahmen planen, Maßnahmen umsetzen, BC-Pläne üben, warten und revidieren

Die Störungsmatrix ist...

- eine übersichtliche Darstellung; Vorsorgelücken sind schnell erkennbar,
- mit anderen Instrumenten kombinierbar, z.B. Netzplantechnik,
- ein intuitiv zu nutzendes Instrument, das in den anderen Phasen des BC-Prozesses stets weiter fortgeschrieben werden kann; damit bleiben Störungen, Auswirkungen, Ursachen, differenzierte Maßnahmen und deren Überprüfung ganzheitlich im Blickfeld

Im Beispiel ist für Störung #3 relativ gut vorgesorgt, speziell bei Störung #2 sind die Auswirkungen gravierend: Es besteht evtl. bedingt Ersatz, der aber nicht ausreicht; hinzu kommt die Gefahr von Kundenstornos und Kundenabwanderung. Hier muss unbedingt eine Lösung gefunden werden, um Kontinuität herzustellen.

Vielfach wird in diesem Zusammenhang auf die vermutliche Ausfalldauer, die maximal tolerierbare Ausfallzeit und die benötigte Wiederherstellungszeit (bis zum Notbetrieb bzw. zum Hochfahren auf Normalniveau) abgestellt. Das ist durchaus sinnvoll, setzt allerdings technisch bzw. quantitativ erfassbare Schäden voraus – bei einer nachhaltigen Störungen in der Kundenbeziehung, im Markenimage oder bei der Kundenstruktur wird kaum eine maximal tolerierbare Ausfallzeit oder -höhe zu definieren sein.

Am Ende dieser Phase werden aus den vorherigen Großstörungen all jene selektiert, die ein *besonders desaströses Schadenspotential* haben und für die keine oder nicht ausreichend Maßnahmen bestehen. Meist sind es einige wenige, auf die es sich schließlich zu konzentrieren gilt – bei betroffenen Produktions- und Absatzprozessen z.B. für jene fünf bis zehn Produkte, die zusammen 80-90 % des Umsatzes ausmachen.[96]

Zu betonen ist, dass die BIA auch gerade *im Vorfeld wichtiger Prozess- und Organisationsänderungen* eingesetzt werden kann und sollte, um Auswirkungen von Unterbrechungen zu bestimmen (und entsprechend gegenzusteuern). Beispiele dafür sind:

- Einführung neuer Produkte, Verfahren oder Technologien
- Neuaufsetzen von Prozessen
- Umzug und sonstige Organisationsänderung mit geografischer Komponente

---

96 Damit läge eine Continuity höherer Ordnung vor, insofern, als auf Dauer eine bestimmte Mindestrendite erwirtschaftet werden soll.

- Wesentliche Veränderungen in der Geschäftstätigkeit, Personal- oder Organisationsstruktur
- Bedeutende neue Lieferanten- oder Outsourcing-Beziehung
- Ausrichtung der Prozesse usw. auf einen Hauptkunden

Bedarfsanalyse

Die Betrachtungsrichtung war bisher meist von der Störung zu Auswirkung(en): Jetzt geht der Blick quasi rückwärts: Welche Kapazitäten/Maßnahmen reichen in welchem Maße nicht aus?[97] Welcher Ressourcen bedarf es, um die maximalen Auswirkungen auf ein akzeptables, niedriges Niveau zu bringen, oder allgemein: um die Geschäftstätigkeit wieder aufzunehmen bzw. fortzusetzen?

Tatsächlich erfolgt dieser Schritt gleichzeitig zur BIA – im obigen Badewannenmodell und in der Störungsmatrix sind entsprechende Elemente bereits eingebaut.

Fragen:

- Welche erhöhten Ressourcenbedarfe werden im Fall X gebraucht?
- Was sind maximal tolerierbare Ausfallzeiten?
- Was ist der maximal tolerierbare Datenverlust?
- Bis zu welchem Ausmaß/Dauer können die Prozesse unterbrechungsfrei weiterlaufen?

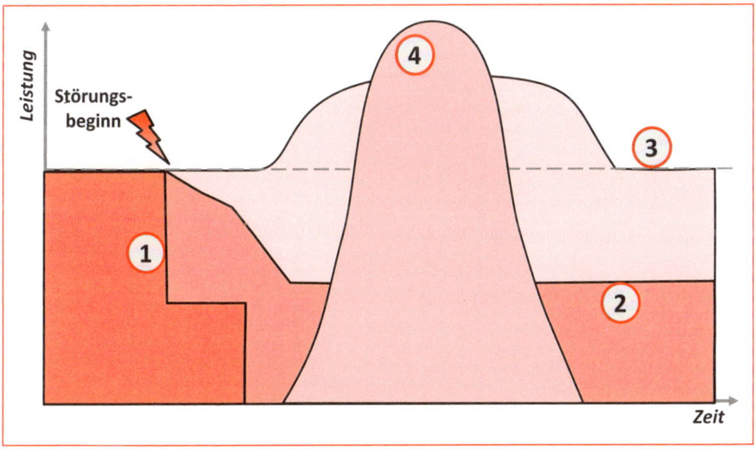

Abb. 22: Optionen nach einer Bedarfsanalyse

Um die Störungssituation bestmöglich zu meistern, können nicht nur Ersatzlösungen aktiviert, sondern auch weniger wichtige oder verschiebbare

[97] Aus dieser Frage ergibt sich die Bezeichnung „Defizitanalyse".

Tätigkeiten heruntergefahren werden, um dringend benötigte Kapazitäten bereitzustellen. Im Beispiel sollte Anlage…

① ganz abgeschaltet werden,
② heruntergefahren werden auf ein bestimmtes Mindestniveau,
③ erhöht gefahren werden (z.B. zur Kompensation) und
④ jetzt überhaupt erst hochgefahren werden (z.B. als Cold Site,[98] als Ersatz, zur Kompensation, für zusätzlichen Notbetriebsaktivitäten)

Phase 3: Ursachenanalyse

Für jene wenigen Störungen, die nunmehr übrig sind, wird jetzt eine **Ursachenanalyse** durchgeführt (meist **Risikoanalyse** genannt).[99] Sie ist jedoch nicht zu verwechseln mit der klassischen Risikoanalyse im Risikomanagementkontext, wo *sämtliche* (operativen) Risiken eines Unternehmens erfasst und bewertet werden. Vielmehr geht es hier wirklich um mögliche *Ursachen der wenigen, vorher herausgefilterten und identifizierten Großstörungen* – z.B. kann die Störung „Rohstoff nicht verfügbar“ mehrere Ursachen haben, wie z.B. einen liegengebliebener LKW, einen Streik beim Zulieferer oder den Brand einer Produktionshalle beim Lieferanten.[100]

Die *Art der Ursache* ist zwar zunächst unerheblich, bewirkt aber unterschiedliche Störungsdauern und erfordert evtl. unterschiedliche Maßnahmen zu ihrer Bewältigung. Zu unterschieden sind:

- **Einmalige Auslöser:** Zeitlich befristet, z.B. Lawinenabgang; abgebrannte Fabrik des Lieferanten
- **Anhaltende Auslöser:** Längerfristig (tage-, wochen-, monatelang), z.B. Hochwasser eines Flusses überschwemmt die Zufahrtsstraße, politischer Aufruhr
- **Multiple Auslöser:** Diffuse Wirkungsbeziehungen mit ggf. An- und Abschwellen von Ereignissen und Wirkungen (innerhalb einer Sphäre). Dazu gehören wiederkehrende Eruptionen eines Vulkans oder mehrfache Infektionen durch Mutationen eines Virus‘.
- **Verbund von Auslösern:** Interdependenzen von Ursachen, die mehrere Umweltbereiche betreffen, z.B. Ausnahmezustand aufgrund einer politischen Krise oder eines Krieges, mit Sperrungen, Panik, Hamsterkäufen, Rechtsbeugungen usw. Häufig kommt ein Auslöser nur zum Tragen, weil

---

98 Vgl. S. 84.

99 Sie finden auch (eher ältere) Anleitungen, wonach eine Risikoanalyse *vor* der BIA stattfindet; das ist zwar historisch nachvollziehbar (Wurzeln des BCM: Notfall- und Risikomanagement), aber wenig plausibel. Tatsächlich gilt: Erst BIA und darin Großstörungen analysieren, dann für jene nach den Ursachen forschen (sonst gibt es einen unklaren Einheitsbrei!).

100 In der Störungsmatrix werden dazu zu jeder Störungszeile Unterzeilen für relevante Ursachen angelegt; in diese können später auch spezifische Maßnahmen zugeordnet werden.

er auf eine bestimmte Schwäche trifft (als zusätzlichem Auslöser). Klassisch ist, dass z.B. *externe* Auslöser (z.B. Naturkatastrophen, Marktverwerfungen) auf *interne* Auslöser stoßen (z.B. Managementfehler), wodurch erstere erst richtig ihre negative Kraft entfalten können.

Zur Ursachenanalyse stehen verschiedene *Instrumente* zur Verfügung:

- Fischgrätdiagramm (Ishikawa)
- Bow-Tie-Diagramm
- Fehlerbaumanalyse
- Relevanzbaum
- Fehlerursachenanalyse
- FMEA (= Fehlermöglichkeits- und -einflussanalyse)
- 5-Warum-Analyse
- Cross-Impact-Analyse
- Risikoregister
- Risikoindex
- Risikomatrix
- Geografische Zuordnung
- Netzwerkanalyse
- Frühere Vorfälle in der eigenen Organisation, der Branche oder der näheren Umgebung

Das **Bow-Tie-Diagramm** sammelt, ausgehend von jeweils einer bestimmten Störung (Knoten) Ursachen (linker Flügel) und Auswirkungen (rechter Flügel). Das Gesamtbild kann asymmetrisch sein, je nachdem, ob Auswirkungen oder Ursachen quantitativ oder von der Relevanz her überwiegen:

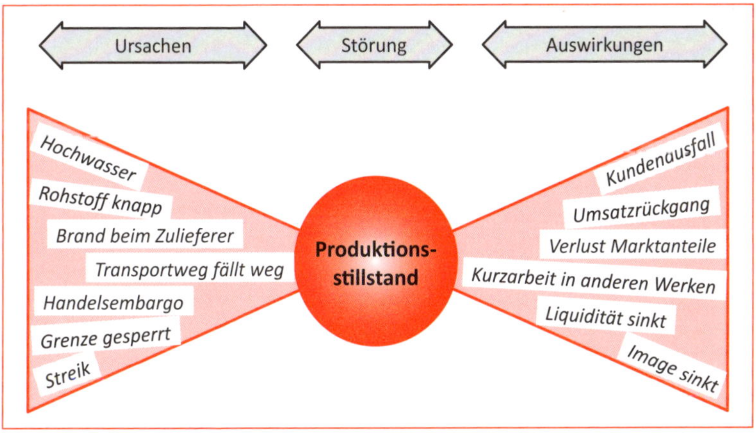

Abb. 23: Bow-Tie-Diagramm

Das klassische **Ishikawa- oder Fischgrätendiagramm** wird häufig angewandt (vgl. Abb. 24). Es geht von einem Problem aus (hier: eine Störung) und versucht, dessen Entstehung strukturiert zu ergründen:

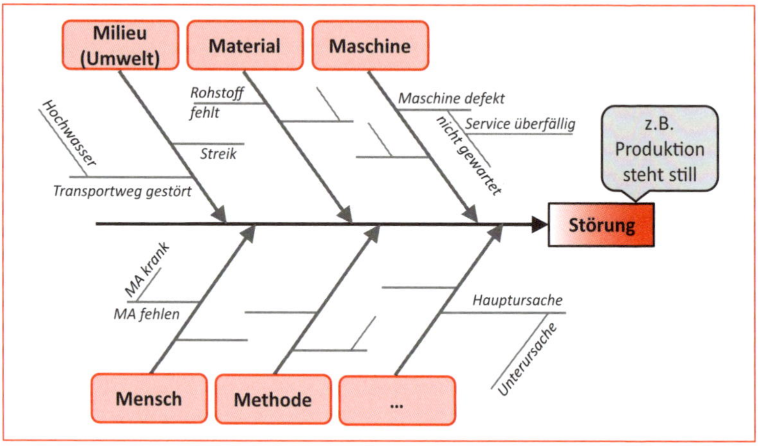

Abb. 24: Ursache-Wirkungs-Diagramm

Jede Störung wird auf ihre Ursachen hin untersucht. Dazu werden mögliche *Ursachenbereiche* (Material, Maschine, Methode usw.) skizziert, die für die eigenen Zwecke abgeändert werden sollten. Betrachtet man bspw. die katastrophale Love-Parade von Duisburg, so sind z.B. die räumlichen Gegebenheiten, die Stadt, Ordnungskräfte, die Besucher usw. zu nennen oder stattdessen Planung, Durchführung, Klima, Straßenführung usw.

Den Ursachenbereichen werden dann *Hauptursachen* zugeordnet, diese wiederum in *Unterursachen* usw. differenziert. Mit einem solchen Vorgehen werden strukturiert alle sinnvoll denkbaren und relevanten Ursachen einer Großstörung erkannt.

Mit dem Ende der dritten Phase ist die **Analyse abgeschlossen:** Das eigene Geschäft wurde sorgsam durchleuchtet. Dabei wurden alle wesentlichen Großstörungen identifiziert, diese wurden danach in der BIA hinsichtlich ihrer Auswirkungen analysiert. Die als besonders bedrohlich erkannten Großstörungen wurden anschließend im Rahmen der Ursachenanalyse entstehungsbezogen analysiert.

Das Unternehmen kennt nun seine Achillesfersen: inakzeptable Störungen, deren Auswirkungen und die Ursachen – und damit weiß es, wo die Hebel zur Bewältigung anzusetzen sind: Die Ableitung von Strategien und Maßnahmen und deren Umsetzung und Kontrolle sind der nächste, logische Schritt im BC-Prozess.

Kontinuitätsstrategien und Maßnahmen

Nun liegen **jene wenigen Großstörungen** vor, deren fatale Auswirkungen zu nachhaltigen Schäden bis zur Existenzvernichtung führen können. In diesem Sinne geschäftskritisch sind üblicherweise ±15 Prozesse (bzw. Produkte oder Potentiale).

Aus *produktbezogener* Sicht zählen dazu bspw. in der Automobil- oder Pharmaindustrie jene acht bis zehn Produkte, deren längerer Ausfall jeweils für sich eine nachhaltige Erlösschmälerung und einen Einbruch in der Gewinnsituation bedeutet. *Funktionsbezogen* wären kritisch: Hauptrohstoff fällt ersatzlos aus; Rückrufaktion; irreparabler Imageschaden; Verlust von Großkunden an die Konkurrenz; die F+E hat den neuartigen, technologischen Lösungen der Konkurrenz nichts entgegenzusetzen und das Unternehmen gerät nachhaltig ins Hintertreffen.

In jedem Fall sind solche Störungen der geschäftskritischen Prozesse nicht isoliert zu betrachten, sondern im Gesamtkontext:

- Wie wirkt sich ein Produktionsstillstand auf das Kundenverhalten und die Kundentreue aus?
- Wie wirkt ein Produktrückruf auf unser Image und damit auf das Kundenverhalten?
- Wirken sich Meldungen über Todesfälle bei Medikament X auch auf den Absatz der Medikamente Y und Z aus?
- Können wir bei längerem Produktionsausfall unseren Marktanteil halten oder bietet die Konkurrenz adäquaten Ersatz? usw.

Nur solche Prozessstörungen, die in diesem Sinne schwerwiegend sind und nachhaltigen Schaden anrichten können, wurden als Ergebnis der Analyse als kritisch herausgefiltert.[101] Diese wenigen Großstörungen müssen wirkungsvoll abgesichert werden. Wie dafür nunmehr robuste Strategien und BC-Pläne entwickelt und weitere flankierende Maßnahmen zur Sicherstellung der Kontinuität getroffen werden, zeigen die Phasen 4 bis 9 im BC-Prozess[102] und wird nachfolgend vorgestellt.

Wie für alle anderen Phasen auch, gilt, dass Verantwortliche aller relevanten Bereiche (Strategie, Produktion, Sicherheit, IT usw.) eingebunden sein müssen, das Top-Management eine unbedingte Unterstützung gewährt und die benötigten Finanzmittel für die Entwicklung und Umsetzung eines schlagkräftigen BCM bereitstellt. Außerdem müssen die nun zu entwickelnden Kontinuitätsstrategien die generellen Unternehmensstrategien unterstützen und mit dem übergeordneten Wertesystem und Leitbild im Einklang stehen.

Phase 4: Kontinuitätsstrategien festlegen

Die Kontinuitätsstrategie definiert die grundsätzliche Vorgehensweise zur Aufrechterhaltung der Geschäftstätigkeit: Welche Produkte sind unverzichtbar? Welche Bereiche und Prozesse müssen zwingend wie geschützt werden?

---

[101] Natürlich werden weniger schlimme Störungen ebenfalls erfasst und dafür Maßnahmen ergriffen (z.B. Maschinenstörung, die mit eigenen Kräften binnen zwei Stunden behoben werden kann). Gegenstand von BCM sind aber jene Großstörungen, die mit eigenen Mitteln und im Rahmen der üblichen Routine nicht behoben werden können.

[102] Vgl. Abb. 17 auf S. 60 (BC-Prozess)

Sollen redundante Kapazitäten aufgebaut werden? Bis zu welcher Höhe und Dauer sind Umsatzeinbußen verkraftbar? Wie sollen Imagestörungen grundsätzlich gehandhabt werden? usw. Alle Grundsatzentscheidungen werden hier getroffen und generelle Optionen entwickelt.

Zum Auftakt erst einmal ein **Gedankenspiel:** Auf der Bahnstrecke zwischen A-Stadt und B-Stadt kommt es zu längeren Bauarbeiten (Brücke, Streckensanierung oder dgl.). Schauen Sie sich diese Karte an – welche Lösungen fallen Ihnen ein? Variieren Sie die Optionen! (Mögliche Lösungen finden Sie auf S. 97, ganz hinten.)

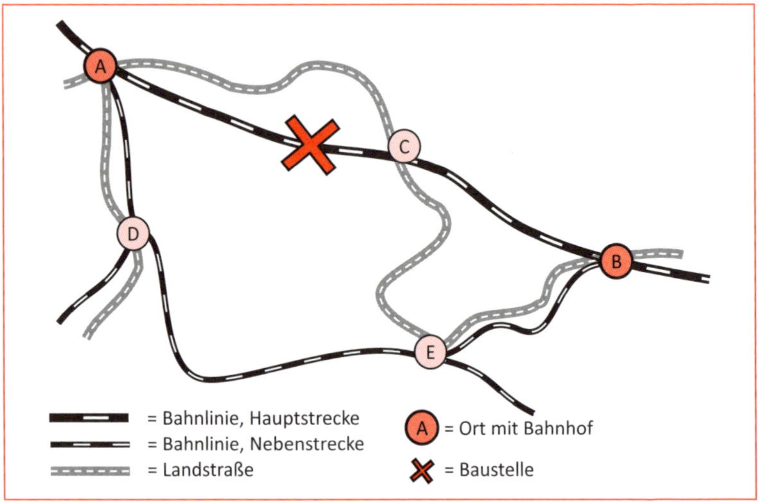

Abb. 25: Bahnstrecke A–B und Ersatzoptionen

Und weil's so schön war, gleich noch eine **Gedankenspielerei:** Wir sind in einem Omnibuswerk, wo verschiedene Busmodelle in Werkstattfertigung (mit viel Handarbeit) gefertigt werden. Die Herstellung dauert im Schnitt 8-10 Tage. Für den nächsten Auftrag (zwei Stück desselben Modells) wird ein Bauteil benötigt, das normalerweise gleich am ersten Tag eingebaut wird. Allerdings sind die gelieferten Bauteile fehlerhaft. Wie könnten Sie das Problem lösen? Welche Varianten sind denkbar?[103]

Oft reicht *eine Lösung allein* nicht aus. Hier muss eine **additive Strategie** verfolgt werden. So können z.B. div. Maßnahmen geplant werden, die jeweils zu einem gewissen Teil, ggf. auch nur zeitweilig, die Störung ausgleichen. Im Beispiel fällt für sechs Tage ein zentraler Parkplatz mit 500 Stellplätzen weg; diese werden durch verschiedene andere Kapazitäten, teils mit Vorlaufzeit (C) oder nur am Wochenende verfügbar (D), aufgefangen; (A) und (B) stehen sofort zur Verfügung.

[103] Mögliche Lösungen finden Sie auf S. 97 f.

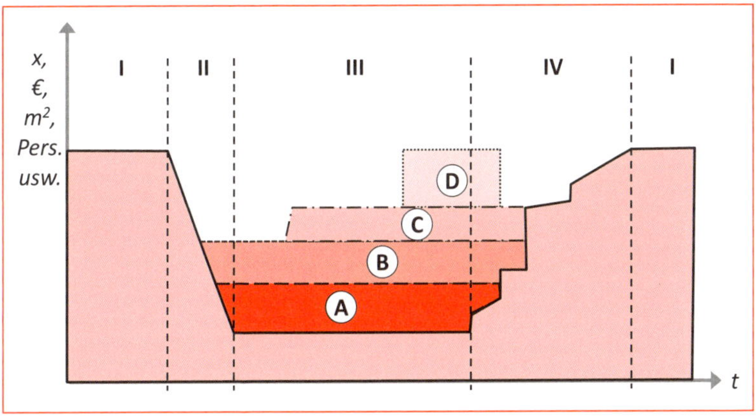

Abb. 26: Additive Lösungen

Additive Lösungen müssen nicht *gleichartig* sein: So können bspw. für einen Ausfall der Produktion andere Lieferanten, andere Bauteile, andere Modelle und/oder andere Kundensegmente als *Ersatzlösungen miteinander kombiniert* werden.

Diese Grundüberlegungen gelten für jedes Kapazitätsproblem, genauso aber auch für unterschiedliche Produkte oder Marktsegmente, die eine (partiellen) *Substitutionsbeitrag* für ausfallende Produkte und die damit generierten Umsätze leisten können: So können wegbrechende Umsätze evtl. durch erhöhte oder neue Umsätze in anderen Geschäftsfeldern oder zumindest durch andere Produkten teilweise oder ganz kompensiert werden.

Ein weiterer Aspekt, den es hier grundsätzlich zu klären gilt, ist, welche **Teiloptionen als Ansatzhebel** zu stellen sind. Davon sind drei möglich:[104]

1. Soll die *Störung an sich* (wegfallende Parkplatzkapazität) angegangen werden?
2. Soll den *Auswirkungen* begegnet werden (z.B. Ordnungskräfteeinsatz, um ein Verkehrschaos oder unerwünschtes Wildparken als Folge der Störung zu handhaben)?
3. Sollen die *Ursachen* angegangen werden (z.B. Hochwasserschutzmaßnahmen, um die Überflutung des Hauptparkplatzes zu verhindern)?

Alle Teiloptionen sind *einzeln oder im Verbund* anwendbar. Genauso gilt, dass z.B. Engpässe bzw. Ausfälle in der Produktion anders gelöst werden als bei der Rohstoffversorgung, und für Störungen im Personalbereich wiederum andere Kontinuitätsstrategien gewählt werden. In jedem Fall erhöht *proaktives Handeln* (also *vor* dem Eintreten einer Störung) das *Handlungsspektrum* deutlich.

Die Substitution von Produkten, Materialien, Personen, Prozessen, Märkten, Vertriebskanälen usw. und die Kompensation eines Ausfalls bzw. einer Res-

[104] Vgl. Abb. 15, 3 Stoßrichtungen (S. 54)

source sind dabei klassische strategische Optionen. Ebenso zu beachten sind **Alternativpläne** und **Notfallpläne** ('Contingency plans'), die bereits für den Fall X als Plan B vorliegen.[105]

Strategien und Maßnahmen müssen realistisch und wirksam sein, dabei gut vorzubereiten und unter Kosten-Nutzen-Aspekten ausgewählt werden. Dies geschieht konkret in Phase 5.

Phase 5: Maßnahmen planen

Auf Basis der in Phase 4 formulierten Kontinuitätsstrategien werden nun für einzelne Störungen bzw. die betroffenen Prozesse, Potentiale und Produkte differenziert *Kontinuitätspläne (= BC-Pläne)* entwickelt; abhängig von der Relevanz und der Sensibilität sowie der zur Verfügung stehenden Optionen mögen diese ganz unterschiedlich ausfallen. So kann z.B. ein Produkt derzeit schon an mehreren Standorten hergestellt werden, wodurch sich eine andere Dringlichkeit ergibt als für ein Produkt, das tatsächlich nur in einem Werk produziert wird.

Eine mehrwöchige Produktionsunterbrechung wird vom Kunden bei einem Luxussportwagen eher akzeptiert als bei einem Mittelklassewagen: Stellen Sie sich eine Lieferverzögerung um einen Monat vor. Bei einem Ferrari, bei dem die Lieferzeit eineinhalb Jahre beträgt, ist das fast gleichgültig, erhöht ggf. sogar den erlesenen Charakter; und andererseits kann die verlorene Zeit evtl. später wieder aufgeholt werden.

Manche Produkte können in gewissem Maße substituiert werden (z.B. Pkw mit Benzin- bzw. Dieselmotoren), andere hingegen kaum oder gar nicht (z.B. Medikamente für unterschiedliche Indikationen). Im letzten Beispiel spielen außerdem die lange Dauer von Entwicklung und Genehmigungsverfahren eine große Rolle (auch abhängig vom Absatzmarkt), bei anderen Produkten ist dies nicht der Fall. Es sind also insgesamt kapazitätsmäßige, marktseitige, technische sowie zeitliche Restriktionen zu beachten, ggf. auch gesetzliche, personelle, psychologische usw.

Wie ein Ausfall auch in der Folge wirken kann, muss antizipiert und in der Planung berücksichtigt werden. Abb. 27 zeigt mögliche Verläufe von Absatz, Umsatz oder Fertigung:

Im Fall ① erreicht man nach der Störung wieder das alte (Normal-)Niveau. Noch besser im Fall ②: Hier können die durch die Störung nicht erfolgten Produktionen/Verkäufe/Arbeiten im vollen Umfang nach Ende der Störung nachgeholt werden (Beispiel Ferrari: Kunden warten ab und Aufträge bleiben erhalten). Im Fall ③ schafft man es nach Ende der Störung nicht, an das alte Leistungsniveau anzuknüpfen (z.B. Bevölkerung von New Orleans; Kunden springen dauerhaft ab). Im Fall ④ hingegen schafft man es, z.B. durch Lern-

[105] Alternativpläne betreffen eher die Strategie, Marktsegmente, Vertriebskanäle oder das Geschäftsmodell; zu Notfallplänen vgl. S. 87 f.

effekte und rationellere Arbeitsweise sich auf höherem Niveau dauerhaft zu platzieren. Im Fall ⑤ ist eine Störung geplant oder erwartet, deshalb werden Arbeiten/Produktionen vorgezogen (ggf. auf Lager produziert), um trotz z.B. Hallenumbaus oder Verfahrensumstellung während der Störung lieferfähig zu sein. Fall ⑥ ist noch vorausschauender angelegt: Hier wird schon antizipativ eine Niveauanhebung initiiert (gestrichelte Linie), damit ein Absinken in einer Störung nicht existenziell wird; gleichzeitig ist möglich, dass dadurch Störungsdauer und -umfang minimiert werden (vgl. die minimalen Auswirkungen des „Elch-Tests", nicht zuletzt ermöglicht durch hohes Image und Glaubwürdigkeitsniveau von Mercedes).

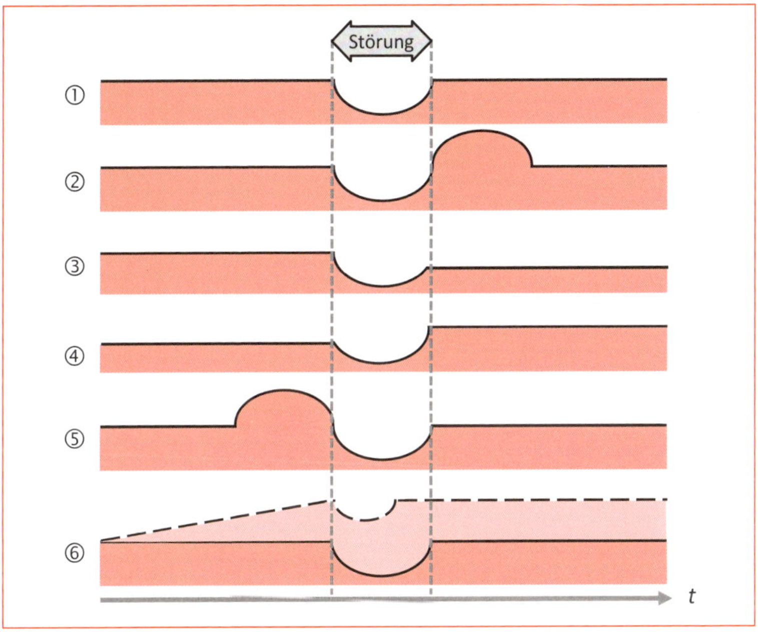

Abb. 27: Auswirkungen eines Ausfalls: Kompensation?

Beispiel Stromausfall:[106]

- Treffen Sie Vorkehrungen für eine Störung der Stromversorgung!
- Welche Systeme dürfen keinesfalls ausfallen?
- Welche Prozesse sind ggf. wie lange verzichtbar?
- Welche können ggf. verschoben werden, welche nicht?
- In welchem Maß können Sie kurzfristige Störungen selbst überbrücken?
- Welche Ersatzlösungen (z.B. Notstromaggregate) bestehen bzw. werden noch benötigt?
- Wie lange können diese unter Volllast laufen, wie lange im Notbetrieb?

[106] Vgl. EVD (2011), S. 8f.

- Haben Sie ausreichend Diesel für Notstromaggregate? usw.

Denken Sie das Beispiel einmal für ein Krankenhaus durch: Beatmungsmaschinen, OP-Geräte, Kühlung von Organen, Licht, Computer mit Patientendaten, Großküche usw. haben unterschiedliche Prioritäten; Gleiches gilt für unterschiedliche Behandlungen und Operationen. Das gilt für unterschiedliche Prozesse im Unternehmen, für Produkte, Kunden, Personal usw. gleichermaßen.

Optionen für Werkstoffe und Waren		
Optionen	**Beispiele**	**verfügbar?**
• alternative Lieferanten für alle krit. Materialien	Lieferant B statt A	ja
• den Vorrang bei knapper Versorgung sichern	durch langfristige Lieferverträge bzw. faktische Abhängigkeit (z.B. Einbindung in F+E-Prozesse)	teilweise
• Sicherheit beim Lieferanten	Lieferant muss per Vertrag best. Mengen bevorraten + zertifiziertes BCM nachweisen	2 Monate
• Notfall- oder Standbylager	für kurzfristige Bedarfe	1 Woche
• Konsignationslager einrichten	langfristig mit Lieferant vereinbaren	1 Monat
• Pufferbestand	Lagerbestand in Beschaffung, Produktion und/oder im Absatz erhöhen; dezentrale Lager	3 Wochen
• auf andere Materialien ausweichen	andere Rohstoffe verwenden; Rezepturen ändern; Produktanpassungen beschleunigen	vereinzelt
• Prozessleistung heruntersetzen	kritisches Produkt weniger herstellen, damit Materialbestand länger reicht	2 Tage
• Prozesse (zeitlich) umstellen	Mangelbauteil erst später einbauen oder austauschen	vereinzelt
• Produkte/Prozesse einstellen	falls Störung auf Dauer und Produktion nicht mehr lohnenswert	?
• Outsourcing	fertige Bauteile oder Produkte beziehen statt selbst produzieren	ja, Bauteil x
• Insourcing	falls Produktion beim Lieferant gestört ist	ja, Bauteil y

Abb. 28: Kontinuitätsoptionen für Werkstoffe und Waren

Bei den konkreten Maßnahmen für einzelne Bereiche wie z.B. Anlagen (siehe Abb. 29) oder Werkstoffe bzw. Lieferantenausfall (siehe Abb. 28) ist auch zu überlegen, welche zeit- und mengenmäßige Wirkung diese haben. Grundsätzlich kann ① der Beginn der Störung verzögert, ② ihr Ende beschleunigt und ③ die Heftigkeit der Störung reduziert werden (siehe Abb. 15, S. 54).

Unter dem Aspekt der Planungs- und Umsetzungs**dauer** sowie der **Dringlichkeit** sind Maßnahmen wie folgt zu überlegen:

- Maßnahmen, die direkt bzw. *innerhalb kurzer Zeit umgesetzt* werden können, z.B. Störung durch Flugzeugabsturz und Verlust des kompletten Vorstands: Vorstandsmitglieder fliegen nicht gemeinsam; unmittelbarer Zugriff auf Kapazitäten im anderen Werk. Viele Personalfragen, z.B. Ersatz von Schlüsselpersonen, können schnell gelöst werden.

- Maßnahmen, die *langfristig angegangen* werden müssen (z.B. Aufbau einer flexiblen Produktion oder anderer Ersatzstandorte).
- Maßnahmen, die *jetzt geplant* werden, um *im Störungs- oder Notfall spontan* ergriffen zu werden (z.B. mobile Bürocontainer oder Alternativlieferanten: jetzt schon potenzielle Bezugsquellen auswählen; ebenso: Ausleihen von Notstromaggregaten; Einrichten Krisenstab usw.).

Alternativer Standort als Kompensationsstrategie

Eine wesentliche Grundoption ist es, den Wegfall von Personen, Anlagen, Produkten, Materialien oder sogar Kundensegmenten durch geeigneten Ersatz zu kompensieren. Hier betrachten wir *alternative Produktionsstätten* und andere Ersatzanlagen[107] (Produktionsstraße, Maschinenhalle, Lager, Büroräume, Fuhrpark, Verkaufsräume usw.) exemplarisch näher.

Ein *alternativer Standort („Site")* für Produktion, Lagerung, Verwaltung oder sonstige Betriebsprozesse kann grundsätzlich *im Werk selbst*, *innerhalb* des Unternehmens, aber an anderem Ort, genauso aber auch *außerhalb* des Unternehmens liegen, z.B. bei einem gewerblichen Vermieter, Lieferanten oder sogar Mitbewerber. Klingt verrückt? Oft genug kommen nur wenige in Frage, die das Know-how und die nötigen Infrastruktur haben – da müssen auch unorthodoxe Lösungen her! Gegenseitige vertragliche Vereinbarungen regeln, dass z.B. Unternehmen A im Störfall bestimmte Produkte bei Unternehmen B produzieren lässt und vice versa.

Unabhängig von der örtlichen und vertraglichen Gestaltung müssen der Ersatz schnell bzw. in akzeptabler Zeit zur Verfügung stehen und die (umgeleiteten) Güter- und Kommunikationsprozesse reibungslos funktionieren.

Optionen für Anlagen		
Optionen	**Beispiele**	**verfügbar?**
• Streuung der Produktion/ der Prozesse	Erzeugnis wird komplett oder in Teilen in div. Werken hergestellt	ja + Rüstzeit
• alternative Anlage (bzw. Lager, Büro, Fuhrpark usw.)	Ersatzproduktionsort, der unterschiedlich ausgestattet ist und schnell anlaufen kann (s. unten)	1 Woche
• redundante Systeme	2. Server; „Anlagenpuffer" aufbauen, Maschinen mit größerem Leistungsspektrum	?
• Nutzen externer Produktionsanlagen	bei Lieferanten, ggf. Kunden oder (sogar!) Mitbewerbern	2 Wochen
Optionen für Personal		
Optionen	**Beispiele**	**verfügbar?**
• personelle Umschichtung	mit anderen Aufgaben betrauen, Mehrarbeit auf-/abbauen bzw. Kurzarbeit	1-3 Tage
• Personalreserve aufbauen	Möglichkeit der Mehrarbeit, Ruheständler reaktivieren, Personalleasing	?
• Wissen von Schlüsselpersonen absichern (SPOFs vermeiden)	Schlüsselpersonen doubeln, Rezepturen schriftlich fixieren	?

Abb. 29: Kontinuitätsoptionen für Anlagen und Personal

[107] Ergänzend zu den Ausführungen in Abb. 29.

In Abhängigkeit von der **Ausstattung** und **Schnelligkeit des Anlaufs** unterscheidet man:

- **Cold Site:** Anlage mit ausreichend Platz und Infrastruktur (Anschlüsse für Gas, Wasser, Strom, Telefon usw.), aber lediglich einer Grundausstattung. Spezielle Geräte (Maschinen, Computer usw.) fehlen.
- **Warm Site:** Teilweise bereits ausgestattet mit (genereller) Hard- und Software, Telefonie und ggf. Maschinen. Alles steht bereit, um im Bedarfsfall weitere Maschinen und Personal zu empfangen und anzulaufen. Um Leerkosten zu vermeiden, dient die 'Warm Site' oft anderen operativen Zwecken und macht im Störfall Platz für vorrangige Störungsbehebung bzw. dient dann schnell als Ersatzstandort.
- **Hot Site:** Ist bereits für bestimmte Zwecke genau mit spezifischer Hard- und Software, Infrastruktur und Personal voll ausgestattet und kann daher schnell anlaufen. Im Falle extern bezogener 'Hot Sites' wurden alle Anforderungen im Vorhinein spezifiziert.
- **Mirrored Site:** Darunter versteht man Spiegelstandorte als voll redundante, identische Anlagen, die quasi parallel laufen und auf die gleiche Information zugreifen wie der Hauptstandort. Dadurch stehen sie permanent zur Verfügung (z.B. früherer Atombunker der Bundesregierung; Ersatzserver; Datenspeicher).[108]
- **Mobile Site:** I.d.R. mietbare Anlagen (z.B. Bürocontainer, Verkaufswagen), die im Vorfeld bzgl. Ausstattung, Transport, Verfügbarkeit und Bauauflagen o.ä. abgeklärt werden müssen.

Alternative Anlagen bzw. allgemein Ersatzlösungen können, müssen aber nicht teuer sein. Wo sie unverzichtbar sind, müssen sie rechtzeitig geplant und umgesetzt werden. Es gilt, dass eine Alternative auch tatsächlich Bestand haben muss. So ist z.B. Produktionsstraße 2 nur dann eine Alternative zur Straße 1 in derselben Halle, falls es um einen rein technischen Defekt geht. Im Falle eines Brandes wäre die gesamte Halle betroffen und insofern fiele Straße 2 als Alternative aus. Würde diese zweite Produktionsstraße im selben Werk in gewisser Distanz stehen, so wäre wieder ein echter Ersatz gegeben. Der fiele wiederum weg, wenn durch Hochwasser der gesamte Standort komplett ausfiele.

Für **betriebsexterne Produktionsstätten,** Lager und Verwaltungsorte müssen folgende Aspekte beachtet werden:

- **Geografische Lage:** Entfernung, Dauer und mögliche Störungen beim Transport; gewünschter Abstand zwischen Standorten; möglicherweise fällt ein geografischer Raum komplett aus (vgl. Japan nach dem Fukushima-Unglück).
- **Zugang und Zeit:** Wie lange dauert es, bis der Ersatzort voll funktioniert?

[108] Gerade für IT-Zwecke stehen hier unterschiedliche Lösungsvarianten kostengünstig zur Verfügung, die eine Störung direkt kompensieren und einen Ausfall des Gesamtsystems verhindern.

- **Sicherheit:** Der Ausweichort, die Kommunikationseinrichtungen und das Personal müssen den Sicherheitsbedürfnissen entsprechen.
- **Umgebung:** Die Struktur- und Umweltbedingungen des Standorts müssen den Anforderungen entsprechen (z.B. Temperatur, Luftfeuchtigkeit, Verkehrsanbindung, Vorhandensein von Schutzeinrichtungen (z.B. Feuerwehr, Rettungsdienste).
- **Umfang:** Kann die (externe) Lösung die Beeinträchtigung bzw. den Ausfall komplett ausgleichen oder nur in Teilen?
- **Kosten** der Umstellung bzw. Verlagerung sowie ggf. höhere Kosten im Betrieb.

Abgestufte Reaktionen

Sowohl im Unternehmen als auch bei Bedrohungen einer Stadt, einer Region oder eines Landes ist ergänzend möglich, dass vorbeugend oder bewältigend Maßnahmen abgestuft gefahren werden – wie uns die Coronakrise deutlich gezeigt hat. Hierzu ein Beispiel für eine *Strommangellage*:[109]

Stufenplan für eine Strommangellage:

- Erste Maßnahme: Sparappelle an die Bevölkerung und fürs Stromsparen sensibilisieren
- Zweite Maßnahme: Stromverwendung beschränken, z.B. Einschränkungen, die wenig als Verzicht empfunden werden, aber viel einsparen
- Dritte Maßnahme: Kontingentieren von Strom (geht hauptsächlich bei Großkunden)
- Vierte Maßnahme: Zyklische Stromabschaltungen, sodass Strom – je nach Situation – ggf. nur vier oder acht Stunden pro Tag zur Verfügung steht. Folgeeffekte durch Ausfall anderer Infrastrukturen sind möglich.

Ähnlich abgestuft ist der Verbrauch von Wasser zu handhaben (z.B. Verbot des Rasensprengens), von Nutzung öffentlicher Flächen (siehe 2020), von persönlicher Bewegungsfreiheit, genauso aber auch von z.B. (zu knappen) Rohstoffen oder Produktions-, Lager- oder Transport(ersatz)kapazitäten.

Bewältigungsoptionen

Nach der Abfederung durch bestehende oder zu schaffende Kompensationslösungen müssen für die restlichen Störungen geeignete Maßnahmen getroffen werden. Dazu kommen die aus dem Risikomanagement bekannten Risikostrategien analog in Frage, und zwar durchaus in Kombination:

- Störung bzw. Auswirkung **verhindern,** z.B. Datenausfall durch parallele Speicherung auf redundanten Systemen; gesonderte Lagerung feuergefährlicher Materialien; frühzeitig Lücken in F+E erkennen; allgemein: potentielle und latente Krisen früh erkennen

---

[109] Vgl. BABS: Versorgungsengpass Strom (Strommangellage) (2015), S. 6f.

- Störung bzw. Auswirkung **vermindern,** z.B. schnelles Evakuieren bei Brand, Explosion und dgl.; optimierte und vertrauensbildende Kommunikation gegenüber wichtigsten Stakeholdern; weg von Me-Too-Produkten hin zu unverwechselbaren und begehrten Produkten; Pflege der Lieferantenbeziehung, um bei einem Engpass bevorzugt beliefert zu werden; Aufbau und Pflege eines guten Kundenimages, um bei möglichen Produktionsverzögerungen die Kunden nicht zu verlieren; Entscheidungsprozesse verkürzen sowie insgesamt Flexibilität und Resilienz erhöhen (womit mehreren Störungsarten entgegengewirkt wird)
- Störung bzw. Auswirkung **intern transferieren,** z.B. Substitution durch andere Produkte; Mitarbeiter, die sich gegenseitig vertreten können; Kurzarbeit vermeiden durch Überstundenabbau; Mehrarbeit am anderen Standort
- Störung bzw. Auswirkung **extern überwälzen,** z.B. Katastrophenschutz; Versicherungen; Umgehen von Schadensersatz bei Stromausfall; Reduzierung von Leiharbeit; Insourcing, um eigene Kapazitäten auszulasten
- Störung bzw. Auswirkung **selbst tragen** (bezieht sich bei Großstörungen realistisch nur auf das verbleibende Schadensvolumen, nachdem mit den anderen Maßnahmen insgesamt eine deutliche bzw. akzeptable Schadensreduktion erzielt wurde); ggf. den Niedergang eines strategischen Geschäftsfeldes über Diversifikation kompensieren

In allen Fällen geht es einerseits um *präventive*, aber auch *reaktive Optionen.*

Präventiv:

- insgesamt Robustheit, Resilienz und Flexibilität der Organisation erhöhen
- Krisenstab für den Fall X einrichten
- alternative Sourcing- und Produktionspartner aufbauen
- Imitierbarkeit der Produkte verringern usw.

Reaktiv:

- Wiedergutmachung anbieten
- Goodwill-Kampagne wie nach dem Elch-Test
- Umbenennung nach Schadensfall (z.B. Sandoz → Novartis)
- Gutschein, z.B. als Ausgleich für Lärmbelästigung im Kurort usw.

Überprüfung

Maßnahmen müssen daraufhin entwickelt und überprüft werden, ob sie zielführend sind und die betrachtete Störung wirksam kompensieren bzw. bekämpfen. Die aus der Analyse bekannte *Störungsmatrix*[110] kann hierzu fortgeführt und um entsprechende Spalten ergänzt werden:

- bestehende Maßnahmen?
- schnell verfügbare Maßnahmen? Dauer bis Verfügbarkeit/Rüstzeit?
- reichen Maßnahmen aus?

[110] Vgl. Abb. 21

- was fehlt? zeitliche und mengenmäßige Lücke, die es zu schließen gilt?
- worauf wirken diese Maßnahmen?
- Querverbindungen zu anderen Plänen/Maßnahmen?
- Verantwortliche für diese Maßnahmen?
- Kontaktadressen für Ersatzlösungen usw.
- Dringlichkeit der Sicherung?
- Wirksamkeit der Maßnahmen?
- Kontrollrhythmus?
- Kontrollart usw.

Die Angaben können qualitativ erfolgen, aber auch z.B. die Reduktion eines Ausfalls in Stück o.ä. bzw. in Zeit angeben.

BC-Pläne

Aus der Vielzahl von Optionen und unter Berücksichtigung der generellen Ziele und der Wirksamkeit sind *für jede einzelne Störung detaillierte Pläne* zu erstellen. Dabei sind die Verantwortlichen für einzelne Prozesse und Bereiche einzubeziehen. Oft taugen diese Maßnahmen auch für ähnliche Störungen bzw. auch für Situationen, deren Ursache bislang unbekannt war (z.B. Evakuierung; alternativer Produktionsstätte; Lagerpuffer; Vertretung von Personal).

Ein BC-Plan enthält:

- Zweck und Umfang des (Teil-)Plans. Querverbindungen zu anderen Plänen müssen aufgezeigt werden.
- Planeigner bzw. Prozessverantwortliche müssen benannt sein; ihnen obliegt auch die Umsetzung, Übung, Wartung und Überprüfung der Maßnahmen.
- Wer übernimmt welche Rolle bei der Implementierung des Plans?
- Was und wer löst den Plan aus? Wer/was wird dadurch mobilisiert und welche Schritte werden dadurch eingeleitet?
- Kontaktdaten aller Verantwortlichen und sonstigen Betroffenen (intern und extern), wie z.B. Krisenstab, Prozessverantwortliche, Ersatzlieferanten, Ansprechpartner bei Medien, Rettungskräfte.
- Alle Aufgaben im Rahmen des Notfall- sowie des Kontinuitätsmanagements.

Der letzte Punkt bedarf der kurzen Erläuterung: **Notfallmanagement** umfasst alle Pläne und Maßnahmen, um die weiteren Auswirkungen zu mindern, z.B. Verletzung von Personen, Vernichtung von Anlagen, negative Berichterstattung. Klassische Aufgaben sind:[111]

- Evakuierung von Menschen
- Rettungsdienste, Sicherheitskräfte und Krisenstab usw. mobilisieren
- Löschen, Bergungsarbeiten, Aufräumarbeiten
- Notversorgung sicherstellen (z.B. Stromversorgung, Telefonie)
- Notunterkünfte und -verpflegung für Betroffene bereitstellen

---

[111] In diesem Sinne ist Kontinuitätsmanagement dem Notfallmanagement übergeordnet, weil Ersteres Störungen umfassender behandelt.

- psychologische Betreuung
- ständige Kommunikation mit Mitarbeitern und Rettungskräften sowie Krisenbesprechungen

Ziel des **Kontinuitätsmanagements** ist es in erster Linie, den Betrieb möglichst störungsfrei fortzusetzen bzw. bald wieder aufzunehmen und zum Normalzustand zurückzuführen. In diesem Sinne enthält der BC-Plan:

- die kritischen Prozesse, Anlagen usw., die vorrangig zu schützen bzw. wieder hochzufahren sind, bis wann und wie hoch der absolute Mindestbedarf ist (z.B. bei Stromversorgung)
- welche Ressourcen wo, von wem und wie schnell zur Verfügung stehen, um die kritischen Ausfälle zu kompensieren
- wie bzw. wodurch diese Ressourcen mobilisiert werden
- Details von Aufgaben, Erfordernissen und Handlungen, um die Kontinuität zu wahren und eine schnelle Rückkehr zum Normalbetrieb zu erreichen

In der Praxis haben sich zahlreiche Checklisten, Templates und Plan-Formulare bewährt.

Schließlich ist zu prüfen, dass die einzelnen Pläne sich nicht widersprechen (z.B. eine Person doppelt eingeteilt ist), insgesamt koordiniert werden können, verstanden werden und realisierbar sind.

Phase 6: Maßnahmen umsetzen

Im nächsten Schritt müssen alle Pläne sorgfältig, vollständig und funktionsfähig umgesetzt werden. Die unterschiedlichen Planeigner und sonstigen Verantwortlichen sind zu beteiligen. Alle Betroffenen müssen die Maßnahmen kennen und wissen, was das im Fall X für sie bedeutet. Die erforderlichen Ressourcen und Finanzmittel müssen bereitgestellt werden. Obwohl die Umsetzung individuell erfolgt, gibt es allgemeine Leitlinien; für einen Selbsttest eignen sich diese Fragen:

- Kennen Sie alle kritischen Wertschöpfungsketten und deren Ersatzmöglichkeiten, wenn wichtigste Ressourcen ausfallen?
- Werden Ersatzpotentiale regelmäßig getestet und aktualisiert?
- Gibt es definierte und bekannte strategische Grundsätze, wie beim Eintreten besonders fataler Ereignisse zu handeln ist?
- Sind alle relevanten Großstörungen identifiziert und analysiert worden?
- Sind die zu ergreifenden Maßnahmen dokumentiert und Verantwortlichkeiten bestimmt? Stehen die benötigten Ressourcen ständig/auf Abruf zur Verfügung?
- Stellen Sie sicher, dass Schlüsselpersonen, -rezepturen, -produkte, -anlagen und -prozesse abgesichert werden und schnelle Alternativlösungen bereitstehen?
- Sind Notfallpläne stets aktuell und mit externen und internen Stellen abgestimmt?

- Testen Sie sämtliche BC-Pläne, Notfall- und Krisenpläne regelmäßig und bei bedeutenden Veränderungen?
- Haben Sie geregelte Verfahren für den Umgang mit der Presse/den Medien bei besonderen Störungen?
- Gibt es ein klares Vorgehen für solche Fälle, die weder in BC- noch Notfallplänen erfasst wurden?
- Haben Sie eine zentrale Koordinationsstelle (BCM-Leitung) sowie eine zentrale Krisenkommunikation (Krisenstab)?
- Sind Verantwortlichkeiten geklärt und ggf. Störungsmanager benannt?
- Hat sich bei den Beteiligten ein Bewusstsein für Störungen entwickelt?
- Werden Störungen nicht nur reaktiv behandelt, sondern antizipiert und proaktiv Sicherungsmaßnahmen eingeleitet?
- Stehen ausreichend personelle, finanzielle, technische usw. Ressourcen zur Umsetzung der BC-Pläne zur Verfügung?
- Falls sich ggf. Anpassungen einzelner Elemente ergeben: Sind diese Änderungen mit anderen BC-Plänen abgestimmt?
- Tragen die BC-Pläne tatsächlich und in gewünschtem Maße zur beabsichtigten Verminderung usw. der Störung, der Auswirkungen und/oder der Ursachen bei?
- Unterstützt die Geschäftsführung das BCM vorbehaltlos?
- Werden BCM und die BC-Pläne nicht nur als technische Lösungen gesehen, sondern sind in den strategischen Gesamtkontext eingebettet?
- Werden Erkenntnisse zwischen BCM, Notfallmanagement und Krisenmanagement ausgetauscht?
- Wie lösen Sie evtl. Widerstände beim Umsetzen der BC-Pläne auf?

Diese und die letzten Phasen wollen wir hier nur kurz skizzieren. Trotzdem merken Sie bereits, wie komplex die zu beachtenden Aspekte und Fragen sind.

Phase 7: Übung, ggf. Anwendung, Wartung und Revision

Nichts ist fataler als Pläne, die das Gewissen beruhigen und in der Schublade vergammeln. Im Notfall greifen sie nicht, weil sie nicht getestet wurden, unvollständig, nicht praktikabel oder veraltet sind – oder weil das Personal nicht damit vertraut ist.

Ein Unternehmen muss daher sicherstellen, dass die Pläne verstanden werden und greifen. Deshalb müssen regelmäßig **Übungen** stattfinden; man unterscheidet:

- Trockenübung am Schreibtisch ('Desk check')
- 'Walk-Through'/Inaugenscheinnahme
- div. Tests (Plausibilitätscheck, Überprüfung der Kontaktadressen und der Plan-B-Kapazitäten)
- Simulation unter Einbeziehung der BC-Verantwortlichen

- Probe einzelner Komponenten und Diskussion mit Personal bzw. BC-Verantwortlichen
- Echte „Live"-Übung (entweder partiell, z.B. auf einzelne Prozesse, Funktionen oder Störungen bezogen, oder unternehmensweit)

Bei einem Pharmahersteller z.B. werden alle kritischen Produkte 2x im Jahr in anderen Werken des Konzerns, beim Lieferanten, Konkurrenten[112] (oder wo auch immer die Ersatzproduktion im Fall der Störung stattfinden soll) *tatsächlich hergestellt*: Mit dieser Live-Übung wird erreicht, dass sämtliche Roh- und Hilfsstoffe ins Ersatzwerk fließen, die Produkte einwandfrei sind, alle Güterbewegungen störungsfrei klappen und sämtliche Informationen (z.B. Warenwirtschaftssysteme) harmonieren. Dies mag mit gewissem Aufwand verbunden sein, doch auch hier gilt: Ein Störfall ohne solche erprobten Routinen würde das Unternehmen unendlich mehr kosten, vielleicht sogar die Existenz.

Die Übung dient auch der Kontrolle, ob die Pläne wie gewünscht funktionieren; Abweichungen sind zu hinterfragen und läuten dann eine Revision ein. Dies ist auch der Fall, wenn bei einer realen Störung, also im tatsächlichen **Anwendungsfall**, ein Nachbesserungsbedarf erkannt wird.

Regelmäßig werden die Pläne, Einrichtungen usw. gewartet. Zur **Wartung** zählen diese Auslöser:

- Ersatzkapazitäten und deren Zuwegung müssen gesichert werden, BC-Manuale werden aktualisiert, Kenntlichmachung von Fluchtwegen erneuern usw.
- Neues Personal mag – neben Trainings – auch eine Umverteilung von BC-Aufgaben nötig machen.
- Aufgrund von Änderungen in der Organisation (geänderte Bestellrhythmen oder Kapazitäten, Transport- oder Produktionsumstellung, Restrukturierung usw.) wird oft eine Anpassung der BC-Pläne nötig.
- Wesentliche Änderungen im Umfeld wie z.B. neue Zuständigkeiten bei Behörden, Auflagen, Veränderung in der Infrastruktur, Wegfall von (Ersatz-)Lieferanten usw.
- Mängel, die bei Übungen oder im Anwendungsfall erkannt werden, müssen beseitigt werden (gegenseitige Behinderungen, Doppelfunktionen, erkannte Lücken usw.).

Unternehmen und ihre Umwelt befinden sich in stetem Wandel. Deshalb müssen Kontinuitätsstrategien und BC-Pläne ständig angepasst werden. Während die Wartung eher operativen ad-hoc-Charakter hat, geht es bei der **Revision** auch um grundlegende, umfassendere und systematische Anpassungen.

---

[112] Das ist manchmal unausweichlich, wenn der Mitbewerber der einzige ist, der über die technischen Anlagen und das Wissen verfügt, die zur Herstellung nötig sind. Im Rahmen eines gegenseitigen Vertrags können sich so Konkurrenten gegenseitig als Ersatzproduktionsstätte einsetzen.

Es empfiehlt sich, z.B. halbjährlich zwei der missionskritischen Prozesse einer erneuten BIA zu unterziehen und dabei die Veränderungen in aktualisierten Strategien und Plänen zu spiegeln. Außerdem sollte die Revision umfassen:

- Alle – auch neuen – Schlüsselprodukte und kritischen Personen, Anlagen usw. müssen identifiziert und analysiert sein.
- Wesentliche Änderungen der Rahmenbedingungen sowie von internen Prozessen, Strukturen usw. sind in Strategien und Maßnahmen berücksichtigt.
- Alle Strategien und Maßnahmen bzw. BC-Pläne müssen die Unternehmensziele verfolgen.
- Die Inhalte der Strategien und Maßnahmen und deren Dokumentation müssen plausibel und aktuell sein.
- Alle Vorbereitungen müssen die Kontinuität so wahren bzw. wiederherstellen, wie es den Absichten und Bedürfnissen des Unternehmens entspricht.
- Alle Programme zur Wartung und Übung sind implementiert und funktionieren.
- Die BC-Maßnahmen berücksichtigen Verbesserungen, deren Bedarf bei Übung, Wartung und Zwischenfällen angezeigt wurde.
- Um BCM richtig anzuwenden und ein entsprechendes Bewusstsein aufzubauen, kommen wirksame Schulungsprogramme zum Einsatz.
- Der Stand der BCM-Kultur wird erfasst.
- Veränderungen an Prozessen, Potenzialen, Partnern, der Umwelt usw. werden systematisch und unverzögert erkannt und fließen in die BC-Prozesse ein.

Eine erste **Kontrolle** findet natürlich bereits in den vorherigen Phasen statt, so z.B. bei der Analyse (richtig? vollständig? wesentlich?) oder der Ableitung von Kontinuitätsstrategien und -maßnahmen (vollständig? wirksam? verfügbar bzw. umsetzbar?). Alle Ergebnisse sind zu erfassen und zu dokumentieren; Abweichungen müssen analysiert und abgestellt werden.

Die aus der Analyse bekannte *Störungsmatrix* kann hierzu fortgeführt und um entsprechende Spalten werden:

- umgesetzte Maßnahmen?
- schnell verfügbare Maßnahmen? Dauer bis Verfügbarkeit/Rüstzeit
- reichen Maßnahmen aus? was fehlt?
- wie ist die Ressourcenausstattung der Maßnahme?
- Querverbindungen zu anderen Plänen/Maßnahmen überprüft?
- Verantwortlicher für diese Maßnahmen noch korrekt?
- Kontaktadressen für Ersatzlösungen überprüft?
- größte Umsetzungslücken?
- Wirksamkeit der Maßnahmen wie geplant?
- Kontrollrhythmus ändern?
- Kontrollart usw.

Die Angaben können qualitativ erfolgen, aber auch z.B. die erforderlichen Anpassungen bzw. Lücken in Stück o.ä. bzw. in Zeit angeben.

Phase 8: BC-Bewusstsein und BC-Kultur aufbauen

Damit BCM wirklich erfolgreich ist, muss es Teil der gelebten Unternehmenskultur und quer durch die Organisation mitgetragen werden. Erreicht wird dies flankierend und über alle BC-Prozesse hinweg – neben der **unbedingten Unterstützung** durch das Top-Management – durch eine Kombination aus **Bewusstsein Schaffen** (z.B. Mitarbeiter einbinden, BCM kommunizieren, kontinuierliches Lernen aus Übungen und Zwischenfällen, Erfahrungsaustausch) sowie **Trainings**. Optimum ist, wenn jeder Einzelne bei seinem Handeln mögliche Störungen und deren Folgen einbezieht und entsprechend vermeiden oder bewältigen hilft. Damit können Störungen schon im Ansatz erkannt und kostengünstig gehandhabt werden. Auch das ist praktizierte Krisenvorsorge!

Phase 9: BC-Programm-Management und BC-Steuerung

Auf einer übergeordneten Ebene wirken das Programm-Management und die BC-Steuerung. Einerseits muss BCM als Managementbereich in der Organisation entwickelt und implementiert werden, zum anderen bedarf es der Organisation und Steuerung aller Prozesse. Wesentliche Aktivitäten dabei sind:

- Initiierung und Unterstützung durch die oberste Geschäftsleitung. Diese muss BCM im Unternehmen promoten und die benötigten Ressourcen bereitstellen, außerdem ist sie involviert bei der Abstimmung von Kontinuitätsstrategien und ggf. Maßnahmen und der Sicherstellung, dass jene in die Unternehmensziele und -strategien eingebettet sind.
- Sichtbare Kommunikation von Zielen und Vorgehensweisen von BCM im Unternehmen, was eine wesentliche Bedingung für ein erfolgreiches BCM und die Schaffung einer BC-Kultur ist.
- Umfang des BCM und Einbeziehung bzw. Querverbindung zu anderen Stellen (z.B. Strategisches-, Risiko- und Notfallmanagement, Betriebsarzt, Externe) müssen geklärt werden, und zwar innerhalb der Organisation als auch im Zusammenspiel mit Externen. Wichtig ist außerdem, dass BCM nicht nur partiell entwickelt wird, sondern grundsätzliche alle Bereiche und Stellen tangiert und einbezieht.
- Ressourcen (für Finanzen, Personal, Räume, Infrastrukturen, Trainings usw.) müssen bereitgestellt werden.
- Das BCM braucht eine Managementstruktur; Rollen und Verantwortlichkeiten müssen eindeutig zugewiesen werden.
- Das BCM-Projekt muss gestartet, koordiniert und gesteuert werden.
- In Audits wird sichergestellt, dass das BCM und alle Phasen und Elemente des BC-Prozesse kontinuierlich hinterfragt werden.

- In diesem Sinne ist BCM nie abgeschlossen, sondern entwickelt sich weiter: Einerseits verändern sich die Bedingungen und Möglichkeiten und damit die einzubeziehenden Kontexte, wodurch ein neuer BC-Prozess anzustoßen ist. Andererseits entwickeln sich Erfahrung und das Wissen über BCM weiter (z.B. Methoden), was weitere Anpassungen nötig macht.

Das BC-Programm-Management agiert dabei stets in Absprache und mit Unterstützung der obersten Unternehmensleitung sowie im Einklang mit den strategischen Zielvorgaben der Organisation. Als Teil eines ganzheitlichen Krisenmanagements stimmt sich das BCM mit dem Krisenmanagement ab, tauscht Erkenntnisse aus, informiert über Schwachstellen und nutzt Erkenntnisse der Früherkennung über relevante Zukunftsentwicklungen.

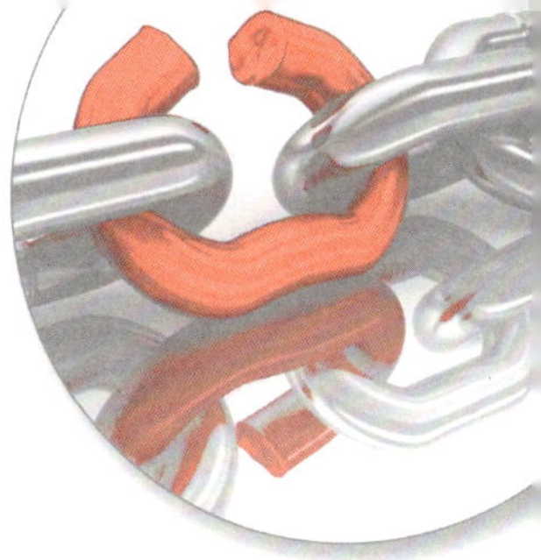

Fazit: Da capo

Großstörungen treten meist ungeplant ein und oft scheinbar plötzlich. Oft wird die Handlungsfähigkeit nachhaltig in Frage gestellt. Mag die Störung an sich relativ überschaubar sein, so sind es oft Folgeschäden und Kettenreaktion, die den größeren Schaden anrichten. Und doch müssen Störungen Organisationen nicht mit voller Wucht treffen.

Kenntnisse über solche Zusammenhänge und die Schwachstellen und Verletzbarkeiten eines Unternehmens sind fürs Überleben von zentraler Bedeutung. BCM ermöglicht die stringente Identifizierung, Handhabung und Bewältigung von Großstörungen. Mit geeigneten Kontinuitätsstrategien und soliden, regelmäßig überprüften Maßnahmen lassen sich Unterbrechungen und Beeinträchtigungen der kritischen Prozesse abfedern und dramatische Folgewirkungen minimieren – auch für bis dato unbekannte oder unerwartete Störungen. Darüber hinaus ist BCM aktive Krisenvorsorge und erhöht die Resilienz des Unternehmens.

BCM schützt vor nachhaltigen, gar existenziellen Schädigungen und ist unverzichtbar für jedes vorausschauende Unternehmen.

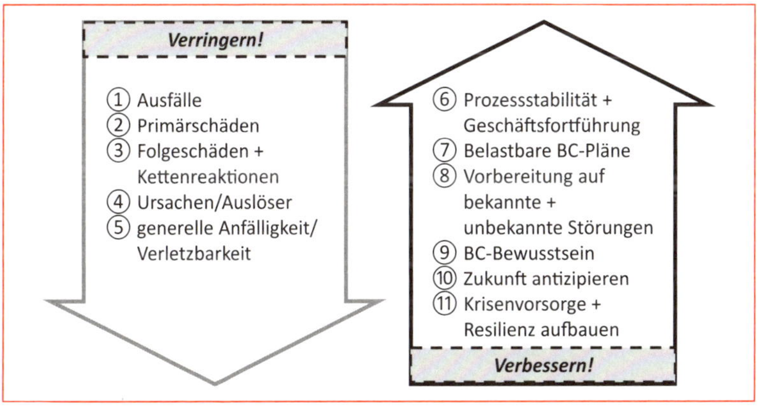

Abb. 30: Elf Ziele von BCM

Da capo

Zum Abschluss fokussieren wir noch einmal das Krisenbewusstsein und die antizipative Haltung gegenüber Krisen. Soll Ihr Unternehmen auch morgen noch existieren und sicher durch raue See und gefährliche Klippen schippern, dann sollten Sie diese **Regeln** beachten:

1. Bereiten Sie sich auf mind. eine Krisenart in jeder Krisengruppe vor (z.B. Anlagen, Personal, marktbezogen, Naturkatastrophen, Reputation usw.).
2. Es reicht nicht aus, sich nur auf Krisen vorzubereiten, die in der Branche (bisher) üblich sind. Gehen Sie davon aus, dass die nächste Krise völlig anders sein wird als das, was Sie bisher kannten.
3. Bereiten Sie sich darauf vor, dass nicht nur *eine* Krise passiert, sondern mehrere gleichzeitig (und sich dadurch wahrscheinlich gegenseitig verstärken).
4. Definitionen, Regelungen und interne Vorgaben haben nicht den Zweck, Dinge (exakt) vorherzusagen, sondern vor allem Orientierung und Halt zu geben.
5. Jede Art Krise kann jede Organisation jederzeit treffen. Und umgekehrt: Jede Organisation kann jederzeit von jeder Art Krise getroffen werden.
6. Keine Krise spielt sich ab wie im Lehrbuch; Sie wissen auch nicht genau, wer warum welchen Einfluss in der Krise ausübt (und sie damit verändert).
7. Verfälschen und Verändern ist der generische Grundcharakter von Krisen, ausgelöst durch Interessen innerhalb und außerhalb der Organisation, durch Maßnahmen, durch Unterlassungen, durch Missverständnisse usw.
8. Keine Krise entwickelt sich so, wie man es geplant hat. Deshalb ist ein Denken über das Undenkbare wichtiger als die eigentlichen Krisenpläne per se.
9. Die klassische Risikoanalyse ist gefährlich[113] und wenig zielführend: Sie geht vom Bekannten aus und vernachlässigt das Unbekannte. Sie fokussiert mechanistisch Details, aber sieht weder das „Große Ganze", noch die Querverbindungen und Wirkungen von Faktoren und Maßnahmen aufeinander. Und schließlich wiegen die Maßnahmen für bekannte Risiken in falscher Sicherheit – für Unbekanntes bereiten sie kaum vor; Krisen treffen einem dann umso stärker.
10. Jede Krise kann zugleich Ursache als auch Auswirkung einer anderen Krise sein.
11. Krisenmanager kennen nicht nur die verschiedenen Formen und Verläufe von Krisen sowie deren unterschiedlichsten Ursachen, sondern sie sind sich auch deren Wirkungsbeziehungen und Interdependenzen bewusst. Krisenmanager sehen das „Große Ganze", ja sogar das „Größere Ganze".
12. Krisenmanager nutzen Synergien und kombinieren und integrieren Erkenntnisse und Ansätze aus dem Strategischen Management mit (vor allem) dem Krisen-, Notfall- und Kontinuitätsmanagement.

Wenn man sich gerade den fünften Punkt zu Herzen nimmt, so handeln viele zumindest grob fahrlässig: Sie sind auf zahlreiche Unwägbarkeiten nicht vorbereitet. Ändern Sie das, so lange noch Zeit dazu ist.

[113] *Mitroff* rät sogar explizit von der klassischen Risikoanalyse ab; vgl. Mitroff (2004), S. 65

Lösungen

zu S. 16, Abb. 3, Alkoholkonsum:

Und hier die Lösung zum Alkoholkonsum nach dem Ende der Prohibition: Was vermuten Sie? Kurve ④? Kurve ③? Für beide gäbe es gute Gründe. Da Sie aber die Geschichten um Al Capone und das Geschäft mit verbotenem Alkohol kennen, vermuten Sie sicher eher Nr. ②. Tatsächlich war es Kurve Nr. ①. Die gestrichelte Ergänzung lässt es vermuten: Egal ob legal oder nicht – es wurde stetig weiter getrunken, ab der Legalität dann auf erhöhtem Niveau.

zu S. 78, Abb. 25, Streckenproblem:

Es gibt eine Vielzahl möglicher Optionen, die für sich oder in Kombination gewählt werden können, wie z.B.:

- Zug A–B verkehrt tagsüber; gearbeitet wird nur nachts
- Zug A–B zu Hauptverkehrszeiten (Berufsverkehr); ansonsten gesperrt
- Bus A–B (Schienenersatzverkehr)
- Zug B–C, umsteigen, Bus C–A (und vice versa)
- Zug A–D–E–B (z.B. Nebenstrecke; dauert länger usw.)
- Schutzkonstruktion über den Gleisen bauen, damit nur kurze Unterbrechung(en), anschließend Bauarbeiten ganztätig
- Bauarbeiten in verkehrsarme Zeiten verlegen (z.B. Sommer/Ferienzeit)
- Entlastung des Verkehrs A–B, weil z.B. Einzelhandel und Unternehmen von anderen Lagern beliefert werden, die wegen der gesperrten Strecke nun relativ günstiger liegen
- Kombinationen der genannten Optionen

zu S. 78, fehlendes Bauteil in der Busfertigung:

Mögliche Ansätze sind z.B.:

- Das fehlerhafte Bauteil kann weggelassen werden, der Bus wird weitergebaut. Ersatz kann während der Busherstellung besorgt werden und das einwandfreie Ersatzbauteil wird nach 7 Tagen eingebaut
- Das fehlerhafte Bauteil wird eingebaut (ohne geht es nicht) und binnen 6 Tagen ausgetauscht, sobald der Ersatz eintrifft
- Das fehlerhafte Bauteil wird eingebaut, der Bus wird ausgeliefert, und nach 2 Monaten wird es auf unsere Kosten in der Vertragswerkstatt ausgetauscht
- Dto., Austausch im Rahmen der ersten Inspektion
- Ohne das Bauteil kann nicht weitergebaut werden. Stattdessen werden andere Modelle vorgezogen, bis Bauteil nach einer Woche kommt

Na, fallen Ihnen noch andere Lösungen ein? Suboptimal, aber möglich wären diese beiden Optionen:

- Fehlerhaftes Bauteil einbauen und hoffen, der Kunde merkt es nicht[114]
- Alle Arbeiten ruhen lassen, bis vielleicht (irgendwann) das fehlende Bauteil eintrudelt

---

[114] Gibt's nicht? Aber natürlich! Oft genug. Bis hin zur Inkaufnahme von Todesopfern – hat's alles schon gegeben.

Literatur

Abolhassan, F. (2017): Grußwort, in: Kasulke, S./Bensch, J.: Zero Outage. Kompromisslose Qualität in der IT im Zeitalter der Digitalisierung, Wiesbaden 2017

Aebischer, P. (2018): „Die Krise vermeiden statt bewältigen". Interview mit Werner Meier, Delegierter für wirtschaftliche Landesversorgung, in: Bevölkerungsschutz, H. 31, Oktober 2018, S. 4-7

Allianz Global Corporate & Specialty SE (2013): Allianz Risk Pulse – Focus: Business Risks, 2013

Allianz Global Corporate & Specialty SE (2019): Allianz Risk Barometer – Top Business Risks for 2019

Allianz Global Corporate & Specialty SE (2020): Allianz Risk Barometer – Top Business Risks for 2020

BABS (2015): Versorgungsengpass Strom (Strommangellage), unter: https://blog.alertswiss.ch/de/gefahren-kennen/stromausfall/srf-blackout-strommangellage-fuer-mehrere-wochen/ [18.05.2020]

BABS (2016): Grundlagen zur Vorsorgeplanung, in: Bevölkerungsschutz, H. 25, Juli 2016, S. 26

Baum, H.-H./Coenenberg, A. G./Günther, T. (2013): Strategisches Controlling, 5. Aufl., Stuttgart 2013

Bauman, U./Of, A./Harloff, T. (2020): VW gewinnt Rechtsstreit gegen Prevent, unter: www.auto-motor-und-sport.de/verkehr/aerger-mit-zulieferer-vw-streit/#! [19.04.20]

Bayerische Rück (Hrsg.): Risiko ist ein Konstrukt, München 1993

Bazerman, M.H./Watkins, M.D. (2008): Predictable Surprises. The Disasters you should have seen coming, and how to prevent them, Boston, Mass./USA 2008

BCI (2010a): Business Case for BCM, unter: www.bcifiles.com/BCIBusinessCaseforBCMMarch2010FULLREPORT.pdf [09.09.2014]

BCI (2010b): Good practice guidelines 2010, unter: http://www.bcmnet.ch/downloads/Publikationen/2012-03-08-gpg2010de.pdf [13.06.2015]

BCI (2012): Good Practice Guidelines [GPG], Version 0.9 von 2012, Caversham/UK, unter: www.bcmnet.ch/downloads/Publikationen/2012-03-08-gpg2010de.pdf [24.02.2013]

BCI (o.J.): Business Continuity Management. The Time is now, auf www.youtube.com/watch?v=3IXEYVxTy4E&feature=youtu.be [30.04.2020]

BCI/Zurich Re (2018): Supply Chain Resilience Report 2018, unter: https://www.thebci.org/uploads/assets/uploaded/c50072bf-df5c-4c98-a5e1876aafb15bd0.pdf [11.05.2020]

BCI/Zurich Re (2019): Supply Chain Resilience Report 2019, unter: https://insider.zurich.co.uk/app/uploads/2019/11/BCISupplyChainResilienceReportOctober2019SingleLow1.pdf [11.05.2020]

BCM Academy (2019): Das BCM-Barometer. 2018/2019-Jahresumfrage der BCM Academy GmbH, unter: www.bcmacademy.de/media/bcma.de/Abbildungen/Survey%20BCM%20Barometer/Bericht_2018_2019.pdf [04.04.2020]

Bédé, A. (2009): Notfall- und Krisenmanagement im Unternehmen, Stuttgart/Berlin

BMI (2009): Nationale Strategie zum Schutz kritischer Infrastrukturen (KRITIS-Strategie), Berlin

BMW (2015): BMW Group produziert 10 Millionen BMW 3er Limousinen, unter: https://www.press.bmwgroup.com/deutschland/article/detail/T0233363DE/bmw-group-produziert-10-millionen-bmw-3er-limousinen?language=de [18.05.2020]

Boerse, J.-H. (2014): Business Continuity Management bei Pandemien, in: Boerse, J.-H./Grimmelt, A./Schröder, B.: Bad Virus. Pandemien und ihre Folgen für die Wirtschaft, Norderstedt 2014, S. 7-88

Brandt, A./Dohmen, F./Kleinhubbert, G. (2005): Brüchige Kolosse, in: Der Spiegel, Nr. 49/5.12.2005, S. 92-94

Brem, S. (2019): Steigende Verwundbarkeit der Gesellschaft, in: Bevölkerungsschutz, H. 34/Nov. 2019, S. 9

Bricker, Glen (o.J.): Don't reinvent the wheel: leveraging 'non business continuity' tools and methodologies, unter: www:continuitycentral.com/feature1020.html [10.10.2014]

Bucher, A. (2017): Wenn das Gesundheitswesen unter der Grippe leidet, in: Bevölkerungsschutz, H. 28, Juli 2017, S. 13-15

Bundesamt für Sicherheit in der Informationstechnik (BSI) (2009): Notfallmanagement. BSI-Standard 100-4 zur Business Continuity, Köln

Bundesgesetz über die wirtschaftliche Landesversorgung (Landesversorgungsgesetz, LVG) vom 17. Juni 2016 (Stand am 1. Januar 2020); unter: www.admin.ch/poc/de/print.html [20.04.20]

Bundesregierung (2019): Tauender Permafrost – eine unterschätze Gefahr für das Weltklima, unter: www.bundesregierung.de/breg-de/aktuelles/tauender-perm… [20.04.20]

Burtles, Jim (2016): Principles and Practice of Business Continuity. Tools and Techniques, 2. Aufl., Brookfield/Connecticut 2016

Continuity Central (2015): Toyota enhances its business continuity management system through disaster aid agreement, unter: www.continuitycentral.com/news07589.html [18.05.2020]

Deutscher Bundestag (2013): Bericht zur Risikoanalyse im Bevölkerungsschutz 2012, Drucksache 17/12051 vom 03.01.2013, Berlin 2013

Die Rheinpfalz: diverse Artikel zu: BASF

DIN (2014): Sicherheit und Schutz des Gemeinwesens – Business Continuity Management System – Anforderungen (ISO 22301:2012); Deutsche Fassung EN ISO 22301:2014, Berlin 2014

Dörner, D. (2009): Die Logik des Misslingens. Strategisches Denken in komplexen Situationen, 8. Aufl., Reinbek 2009

Eidgenössisches Volkswirtschaftsdepartement EVD (2011): Unternehmenserfolg nachhaltig sichern – auch im Krisenfall, unter: www.bwl.admin.ch [06.03.2016]

Elliott, D./Swartz, E./Herbane, B. (2010): Business Continuity Management. A crisis management approach, 2. Aufl., Milton Park, Abingdon 2010

Engel, H: (2005): Gesprengte Ketten, in: Risknews 05/2005, S. 39-45

Erb, S. (2015): Business Continuity Management in Outsourcing-Beziehungen. Risiken, Maßnahmen und Fallstudien, Wiesbaden 2015

Evertz, D./Krystek, U. (Hrsg.): Unternehmen erfolgreich restrukturieren und sanieren. Herausforderungen und Lösungsansätze für den Turnaround, Stuttgart 2014

Fulmer, K. (2005): Business Continuity Planning. A Step-to-Step Guide With Planning Forms, Brookfield/Connecticut, USA

Gerster, L. (2020): Pandemie-Szenario: Der Bericht, den keiner las, in F.A.Z. am Sonntag, unter: https://www.faz.net/aktuell/politik/inland/virus-pandemie-szenario-keiner-las-den-bericht-von-2012-16712045.html [09.04.2020]

Gingl, Arno (2013): Business continuity management in German, Austrian and Switzerland based small and medium sized enterprises, unter: www.continuitycentral.com/feature06903.html [01.06.2014]

Gysler, Nadine (2013): Die Integration des Betrieblichen Kontinuitätsmanagements in die Unternehmensführung und Unternehmensplanung im deutschen Mittelstand, unveröffentlichte Masterthesis, Worms

Hämmerle, M. (2012): Toyota macht seine Supply Chain robuster gegenüber Katastrophen, unter: BCM-News. www.bcm-news.de/2012/03/02/toyota-macht-seine-supply-chain-robuster-gegenueber-katastrophen/ [18.05.2020]

Hämmerle, M. (2017): Ist die Business Impact Analyse Zeitverschwendung? Unter: https://www.bcm-news.de/2017/06/06/ist-die-business-impact-analyse-zeitverschwendung/#more-32974 [18.05.2020]

Hämmerle, M. (2019): Die Business Impact Analyse – Segen oder Fluch? Unter: https://www.3grc.de/bcm/die-business-impact-analyse-segen-oder-fluch/

Hellmann, M. (2016): Sicherheit in der Lieferkette. Praxisleitfaden zu den Grundlagen und Synergien der Supply Chain Security, Köln 2016

Herbane, Brahim/Elliott, Dominic/Swartz, Ethné (1997): Contingency and Continua: Achieving Excellence Through Business Continuity Planning, in: Business Horizons, H. Nov./Dez. 1997, S. 19-25

Hiles, A. (2014): Business Continuity Management: Global Best Practices, 4. Aufl., Brookfield, Conn./USA 2014

HM Government (o.J.): How prepared are you? Business Continuity Management Toolkit, unter: https://www.gov.uk/government/uploads/system/uploads/attachment_data/ file /137994/Business_Continuity_Managment_Toolkit.pdf [08.03.2016]

Hoffmann, J. (2012): Risikomanagement für mittelständische Unternehmen. Risikopotenziale erkennen und erfolgreich bewältigen – mit zahlreichen Praxisbeispielen, Norderstedt 2012

Hohl, M./Müller-Gauss, U. (2008): Business Continuity Management, in: Management und Qualität, H. 6/2008, S. 17-19

Hunnius, G./Kliemt, J. (1993): Risiko als soziale Konstruktion – Risikoperzeption und -kommunikation im Systemvergleich BRD-DDR, in: Bayerische Rück (Hrsg.): Risiko ist ein Konstrukt, München 1993, S. 245-259

ISO (2015): ISO/TS 22317:2015. Societal security – Business continuity management systems – Guidelines for business impact analysis (BIA), Vernier/Schweiz 2015

Jörges, H.-J. (2020): Drucksache Tod. Schon vor sieben Jahren wurde eine Pandemie mit Coronaviren beschrieben. Für Regierung, Parlament und Länder. Doch die Analyse löste nichts aus, in: Stern, H. 15 vom 2.4.2020, S. 18

Jossé, G. (2004): Strategische Frühaufklärung in der Touristik. Aufbau eines zielgebietsorientierten Frühaufklärungssystems für Reiseveranstalter, Wiesbaden 2004

Jossé, G. (2005): Management von Chance und Risiko, in Gerberich, C. W. (Hrsg.): Praxishandbuch Controlling. Trends, Konzepte, Instrumente, Wiesbaden 2005, S. 225-249

Jossé, G. (2006): Erfolgsmessung: Wissen wie es läuft, in: ANZAG magazin, Heft Oktober/November 2006, S. 26-28

Jossé, G. (2011): Business Continuity Management. An Introduction. Lecture at the DMU, Leicester (Folienset)

Jossé, G. (2012): Einführung BCM. Vorlesung im Sommersemester 2012, Worms (Vorlesungsunterlagen)

Jossé, G. (2013): Winzer im Haifischbecken – Die Blue-Ocean-Strategie im Weintourismus, in: Scherhag, K. (Hrsg.): Weintourismus und Marketing, Lohmar 2013, S. 1-9

Jossé, G. (2014a): Einführung BCM, Vorlesung im Wintersemester 2014/15, Worms (Vorlesungsunterlagen)

Jossé, G. (2014b): Internationalisierung – Chancen und Risiken für KMU, Vortrag am 10.04.2014 an der Hochschule Worms/Wirtschaftsregion Bergstraße

Jossé, G. (2015a): Business Continuity Management – Notwendigkeit in turbulenten Zeiten, in: Controller Magazin, Heft März/April 2015, S. 72-77

Jossé, G. (2015b): Business Continuity Management – Identifizierung und Analyse von Großstörungen als Kernaufgabe, in: Controller Magazin, Heft September/Oktober 2015, S. 32-38

Jossé, G. (2016): Business Continuity Management – Entwickeln von Kontinuitätsstrategien. Ableiten und Umsetzen von Maßnahmen und Absicherung der BCM-Prozesse, in: Controller Magazin, Heft Juli/August 2016, S. 77-84

Jossé, G. (2018a): Business-Impact-Analyse im Beherbergungswesen, in: Ehlen, T./Scherhag, K. (Hrsg.): Aktuelle Herausforderungen in der Hotellerie. Innovationen und Trends, Berlin 2018, S. 51-65

Jossé, G. (2018b): Balanced Scorecard. Ziele und Strategien messbar umsetzen, 2. Auflage, München 2018 (Beck Verlag)

Jossé, G. (2019): Business Continuity Management – Theoretische Grundlagen. Vorlesungsunterlagen im Sommersemester 2019 (unveröffentlichtes Folienset), Worms

Jossé, G./Scherhag, K. (2013): Business Continuity Management in der Destination. Störungen proaktiv erkennen, bewerten und handhaben, in: Update 17, WS 2013/14, S. 38-47

Jossé, G./Scherhag, K. (2018): Business continuity management in the destination – proactive recognition, assessment and managing of disruptions, in: Innerhofer, E./Fontanari, M./Pechlaner, H. (Hrsg.): Destination Resilience. Challenges and opportunities for destination management and governance, Milton Park, Abingdon 2018, S. 111-125

Jossé, G./Ziegelmeyer, A.-C. (2013): Ein Instrument zur Krisenerkennung für den mittelständischen Einzelhandel, in: Controller Magazin, Heft September/Oktober 2013, S. 80-87

Jungermann, H./Slovic, P. (1993): Charakteristika individueller Risikowahrnehmung, in: Bayerische Rück (Hrsg.): Risiko ist ein Konstrukt, München 1993, S. 89-107

Kersten, H./Klett, G. (2017): Business Continuity und IT-Notfallmanagement. Grundlagen, Methoden, Konzepte, Wiesbaden 2017

Kildow, B. A. (2011): A Supply Chain Management Guide to Business Continuity, New York et al. 2011

Knüsel, P. (2016): Auf die geringste Einschränkung vorbereitet, in: Bevölkerungsschutz, H. 26, Nov. 2016, S. 13-15

Kreimeier, N. (2018): Wie Prevent der Autoindustrie einheizt, in: Capital 10/2018, unter: www.capital.de/wirtschaft-politik/wie-prevent-der-autoindustrie-einheizt [19.04.20]

Krystek, U. (2014): Risiko- und Kontinuitätsmanagement versus Resilienz- und Antifragilitäts-»Management«: Krisenvorsorge zwischen Kontinuität und Neubeginn, in: Evertz, D./Krystek, U. (Hrsg.): Unternehmen erfolgreich restrukturieren und sanieren. Herausforderungen und Lösungsansätze für den Turnaround, Stuttgart 2014, S. 369-403

Krystek, U. (1987): Unternehmungskrisen: Beschreibung, Vermeidung und Bewältigung überlebenskritischer Prozesse in Unternehmungen, Wiesbaden 1987

Krystek, Ulrich/Moldenhauer, Ralf (2007): Handbuch Krisen- und Restrukturierungsmanagement. Generelle Konzepte, Spezialprobleme, Praxisberichte, Stuttgart

Lacey, D. (2012): Business Continuity Management for Small and Medium Sized Enterprises. How to Survive a Major Disaster or Failure, London 2012

Landesgesundheitsamt Baden-Württemberg/BBK (2010): Handbuch betriebliche Pandemieplanung, 2. Auflage, Stuttgart/Bonn

Mitroff, I. (2004): Crisis Leadership. Planning for the Unthinkable, Hoboken/NJ 2004

Müller-Gaus, U. (2010): Neue Wege zur Bewältigung des Restrisikos, in: SicherheitsForum, H. 6/10, S. 11-14

Müller-Gaus, U. (2011): Aufbau eines BCM, in: SicherheitsForum, H. 1/11, S. 23-27

Müller-Gaus, U./Renner, M. (2013): Integrales Risikomanagement für KMU, in: SicherheitsForum, H. 4/13, S. 48-51

Müller-Seitz, G./Sydow, J. (2012): Umgang mit Unsicherheit in globalen Produktionsnetzwerken und Lieferketten. Arbeitspapier Nr. 258, Düsseldorf 2012

Orton, David (2013): Introduction to Business Continuity Management, Guest Lecture, Worms (Folienset)

Puppendahl, D. (2013): Die Öffentlichkeit der Kundenerfahrung, unter: www.marktforschung.de/dossiers/themendossiers/kundenzufriedenheit-20/dossier/die-oeffentlichkeit-der-kundenerfahrung/ [18.05.2020]

Regester, M./Larkin, J. (2005): Risk Issues and Crisis Management. A Casebook of Best Practice, 3. Aufl., London 2005

Reuter, C. (2015): Betriebliches Kontinuitätsmanagement in kleinen und mittleren Unternehmen – Smart Services für die Industrie 4.0, unter: http://www.wineme.uni-siegen.de/paper/2015/2015_reuter_bcminkmu_smartservicesindustrie40_muc.pdf [18.05.2020]

Rössing, Rolf v. (2005): Betriebliches Kontinuitätsmanagement, Bonn

Rössing, Rolf v. (2009): BC audit, in: Hiles, Andrew (Hrsg.): The definitive Handbook of Business Continuity Management, Chichester, S. 339-367

Salm, M.: (2005) Krisenmanagement. Strategien gegen die Insolvenzgefahr in kleinen und mittleren Unternehmen, Frankfurt/Main 2005

Schäffer, U./Weber, J. (2020): Corona Krise: Die Stunde der Controller!, in: Controller Magazin, H. Mai/Juni 2020, S. 46-47

Shrivastava, P./Mitroff, I.I./Miller, D./Miglani, A. (2006): Understanding Industrial Crises, in: Smith, D./Elliott, D. (Hrsg.): Key Readings in Crisis Management. Systems and structures for prevention and recovery, Abingdon 2006, S. 29-46

Siemens Insight Consulting (o.J.): Business Continuity Management and the Civil Contingencies Act. A Short Guide, Walton-on-Thames

Sterling, S./Duddridge, B./Elliott, A./Conway, M./Payne, A. (2012): Business Continuity Management for Dummies, Chichester 2012

Taleb, N.N. (2013): Antifragilität. Anleitung für eine Welt, die wir nicht verstehen, München 2013

Töpfer, Armin (1999): Plötzliche Unternehmenskrisen – Gefahr oder Chance? Grundlagen des Krisenmanagement, Praxisfälle, Grundsätze zur Krisenvorsorge, Neuwied/Kriftel 1999

Toyota Motor Corporation (2011): TMC Announces Results for April 2011, in: TOYOTA Global Newsroom, unter: http://www2.toyota.co.jp/en/news/11/05/0527.html [18.05.2020]

Volkmann, I.: Das Jahr ohne Sommer 1816, unter: www.stuttgarter-zeitung.de/inhalt.das-jahr-ohne-sommer-1816-massenexodus-aus-dem-armenhaus.0771767e-12c5-43a4-bae1-749473685cfb.html [20.04.20]

Wagner, S. (2020): Resilienz: Das Fundament, auf dem Städte stehen, in: Bevölkerungsschutz (Zeitschrift des BBK), H. 1/2020, S. 8-10

Wasserzieher, E. (1974): Woher? Ableitendes Wörterbuch der deutschen Sprache, Bonn 1974

Weick, K.E./Sutcliffe, K.M. (2007): Das Unerwartete managen. Wie Unternehmen aus Extremsituationen lernen, 2. Aufl., Stuttgart 2007

Wildavsky, A. (1993): Vergleichende Untersuchung zur Risikowahrnehmung: Ein Anfang, in: Bayerische Rück (Hrsg.): Risiko ist ein Konstrukt, München 1993, S. 191-211

www.bbk.bund.de

www.bcifiles.com/BCIBusinessCaseforBCMMarch2010FULLREPORT.pdf

www.bsi.bund.de

www.bundesanzeiger.de

www.undrr.org [15.04.2020]

www.wikipedia.de (diverse Stichwörter: Wirtschaftliche Landesversorgung; Jahr ohne Sommer)

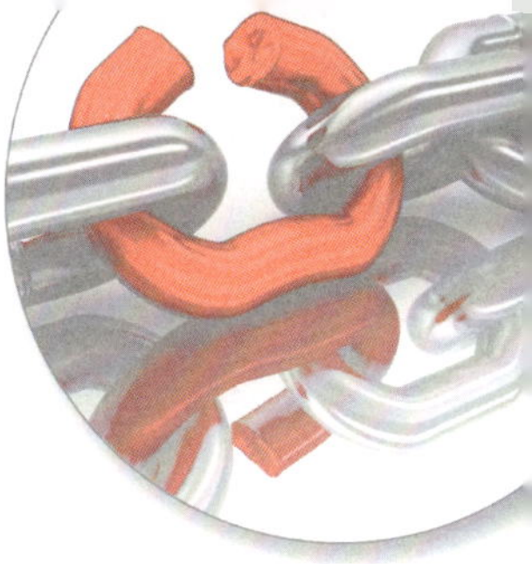

Stichwortverzeichnis

Unternehmen, Marken, Personen, Organisationen, Orte, Fälle